计算机网络技术与人工智能发展研究

曹 斌 谢 江 孟卫华 著

湘潭大学出版社
XIANGTAN UNIVERSITY PRESS

图书在版编目（CIP）数据

计算机网络技术与人工智能发展研究 / 曹斌，谢江，
孟卫华著. — 湘潭：湘潭大学出版社，2023.6
　ISBN 978-7-5687-1193-7

Ⅰ．①计… Ⅱ．①曹… ②谢… ③孟… Ⅲ．①计算机
网络-关系-人工智能-研究 Ⅳ．① TP393②TP18

中国国家版本馆 CIP 数据核字（2023）第 139907 号

计算机网络技术与人工智能发展研究
JISUANJI WANGLUO JISHU YU RENGONG ZHINENG FAZHAN YANJIU
曹　斌　谢　江　孟卫华　著

责任编辑：丁立松
封面设计：万典文化
出版发行：湘潭大学出版社
社　　址：湖南省湘潭大学工程训练大楼
电　　话：0731-58298960 0731-58298966（传真）
邮　　编：411105
网　　址：http://press.xtu.edu.cn/
印　　刷：唐山唐文印刷有限公司
经　　销：新华书店
开　　本：787 mm×1092 mm　1/16
印　　张：12
字　　数：230 千字
版　　次：2024 年 3 月第 1 版
印　　次：2024 年 3 月第 1 次印刷
书　　号：ISBN 978-7-5687-1193-7
定　　价：78.00 元

PREFACE 前言

计算机网络技术是信息时代发展下的必然产物，网络技术的研发、应用到更新，需结合内外部环境的干预点及促进点进行有序优化。目前，计算机网络技术已经成为社会发展、国家进步的重要载体，大到卫星发射、小到家居控制等，均需特定的网络系统起到链接及驱动的作用。对此，在我国计算机不断发展的过程中，应深度分析计算机网络技术的应用场景以及社会发展产生的诉求点，分析技术落实存在的短板问题并加以优化，提高我国在国际网络市场中的竞争力。

计算机网络技术发展模式，是以固定的结构、样式作为技术成型及使用的约束指标，其凸显技术使用标准，且在不同应用范畴下，厘清计算机网络系统的运行规律。计算机网络发展期间，技术资源、制度政策的不断完善，从空间与时间方面，优化或重新定义某项发展机制，且在不同功能点及发展方向下，同步对技术成型及使用作出规划，从侧面揭示计算机网络的一种发展规律。从网络系统的普适范围而言，对于个人、国家、世界，均具有重要的推动意义，同时在"地球村""人类命运共同体"理念的建设下，计算机网络技术正以共享模式，融合到社会发展进程中，先进科学技术的下沉，决定了计算机网络技术及其发展的重要性。

我国在 AI 领域虽起步较晚，但技术发展迅速，并拥有广阔的市场应用前景。对于当前产业链中存在的问题，可借助国家政策的引导将有限的产业资源集中至示范应用，通过单点突破方式提高技术的实用性，探索新的行业经济增长点。未来，AI 技术的发展将进一步改变人们的生产生活，这对于解决当前国内人口老龄化和劳动力短缺问题或将有所帮助。

为了提升本书的学术性与严谨性，在撰写过程中，笔者参阅了大量的文献资料，引用了诸多专家学者的研究成果，因篇幅有限，不能一一列举，在此一并表示最诚挚的感谢。由于时间仓促，加之笔者水平有限，在撰写过程中难免出现不足的地方，希望各位读者不吝赐教，提出宝贵的意见，以便笔者在今后的学习中加以改进。

CONTENTS 目 录

第一章　计算机网络前沿理论

第一节　计算机理论中的毕达哥拉斯主义

现代计算机理论源于古希腊毕达哥拉斯主义和柏拉图主义，是毕达哥拉斯数学自然观的产物。现代计算机模型体现了形式化、抽象性原则。自动机的数学、逻辑理论都是寻求计算机背后的数学核心顽强努力的结果。

现代计算机理论不仅包含计算机的逻辑设计，还包含后来的自动机理论的总体构想与模型（自动机是一种理想的计算模型，即一种理论计算机，通常它不是指一台实际运作的计算机，但是按照自动机模型，可以制造出实际运作的计算机）。现代计算机理论是高度数学化、逻辑化的。如果探究现代计算机理论思想的哲学方法论源泉，我们可以发现，它是源于古希腊毕达哥拉斯主义和柏拉图主义的，是毕达哥拉斯数学自然观的产物，下面将对此做些探讨。

一、毕达哥拉斯主义的特点

毕达哥拉斯主义是由毕达哥拉斯学派所创导的数学自然观的代名词。数学自然观的基本理念是"数乃万物之本原"。具体地说，毕达哥拉斯主义者认为："'数学和谐性'是关于宇宙基本结构的知识的本质核心，在我们周围自然界那种富有意义的秩序中，必须从自然规律的数学核心中寻找它的根源。换句话说，在探索自然定律的过程中，'数学和谐性'是有力的启发性原则。"

毕达哥拉斯主义的内核是唯有通过数和形才能把握宇宙的本性。毕达哥拉斯的弟子菲洛劳斯说过："一切可能知道的事物，都具有数，因为没有数而想象或了解任何事物是不可能的。"毕达哥拉斯学派把适合于现象的抽象的数学上的关系，当作事物何以如此的解释，即从自然现象中抽取现象之间和谐的数学关系。"数学和谐性"假说具有重要的方法论意义和价值。因此，"如果和谐的宇宙是由数构成的，那么自然的和谐就是数的和谐，自然的秩序就是数的秩序"。

这种观念令后世科学家不懈地去发现自然现象背后的数量秩序，不仅对自然规律作出定性描述，还作出定量描述，取得了一次次重大的成功。

柏拉图发展了毕达哥拉斯主义的数学自然观。在《蒂迈欧篇》中，柏拉图描述了由几何和谐组成的宇宙图景，他试图表明，科学理论只有建立在数量的几何框架上，才能揭示瞬息万变的现象背后永恒的结构和关系。柏拉图认为自然哲学的首要任务，在于探索隐藏在自然现象背后的可以用数和形来表征的自然规律。

二、现代计算机结构是数学启发性原则的产物

1945 年，题为《关于离散变量自动电子计算机的草案》（EDVAC）的报告具体地介绍了制造电子计算机和程序设计的新思想。1946 年 7、8 月间，冯·诺伊曼和赫尔曼·戈德斯汀、亚瑟·勃克斯在 EDVAC 方案的基础上，为普林斯顿大学高级研究所研制 IAS 计算机时，又提出了一个更加完善的设计报告——《电子计算机逻辑设计初探》。以上两份既有理论又有具体设计的文件，首次在世界上掀起了一股"计算机热潮"，它们的综合设计思想标志着现代电子计算机时代的真正开始。

这两份报告确定了现代电子计算机的范式由以下几部分构成：（1）运算器；（2）控制器；（3）存储器；（4）输入；（5）输出。就计算机逻辑设计上的贡献，第一台计算机 ENIAC 研究小组组织者戈德斯汀曾这样写道："就我所知，冯·诺伊曼是第一个把计算机的本质理解为是行使逻辑功能，而电路只是辅助设施的人。他不仅是这样理解的，而且详细精确地研究了这两个方面的作用以及相互的影响。"

计算机逻辑结构的提出与冯·诺伊曼把数学和谐性、逻辑简单性看作是一种重要的启发原则是分不开的。在 20 世纪 30—40 年代，申农的信息工程、图灵的理想计算机理论、匈牙利物理学家奥特维对人脑的研究以及麦卡洛克·皮茨的论文《神经活动中思想内在性的逻辑演算》引发了冯·诺伊曼对信息处理理论的兴趣，他关于计算机的逻辑设计的思想深受麦卡洛克和皮茨的启发。

1943 年麦卡洛克和皮茨《神经活动中思想内在性的逻辑演算》一文发表后，他们把数学规则应用于大脑信息过程的研究给冯·诺伊曼留下了深刻的印象。该论文用麦卡洛克早期在对精神粒子研究中发展出来的公理规则，以及皮茨从卡尔纳普的逻辑演算和

罗素、怀特海《数学原理》发展出来的逻辑框架，表征了神经网络的一种简单的逻辑演算方法。他们的工作使冯·诺伊曼看到了将人脑信息过程数学定律化的潜在可能。"当麦卡洛克和皮茨继续发展他们的思想时，冯·诺伊曼开始沿着自己的方向独立研究，使他们的思想成为其自动机逻辑理论的基础。"

在《控制与信息严格理论》（Rigorous Theories of Control and Information）一文的开头部分，冯·诺伊曼讨论了麦卡洛克·皮茨《神经活动中思想内在性的逻辑演算》以及图灵在通用计算机上的工作，认为这些想象的机器都是与形式逻辑共存的，也就是说，自动机所能做的都可以用逻辑语言来描述，反之，所有能用逻辑语言严格描述的也可以由自动机来做。他认为麦卡洛克·皮茨是用一种简单的数学逻辑模型来讨论人的神经系统，而不是局限于神经元真实的生物与化学性质的复杂性。相反，神经元被当作一个"黑箱"，只研究它们输入、输出讯号的数学规则以及神经元网络结合起来进行运算、学习、存储信息，执行其他信息的过程任务。冯·诺伊曼认为麦卡洛克·皮茨运用了数学中公理化方法，是对理想细胞而不是真实的细胞做出研究，前者比后者更简洁，理想细胞具有真实细胞的最本质特征。

在冯·诺伊曼1945年有关EDVAC机的设计方案中，所描述的存储程序计算机便是由麦卡洛克和皮茨设想的"神经元"（neurons）所构成，而不是从真空管、继电器或机械开关等常规元件开始。受麦卡洛克和皮茨理想化神经元逻辑设计的启发，冯·诺伊曼设计了一种理想化的开关延迟元件。这种理想化计算元件的使用有以下两个作用：（1）它能使设计者把计算机的逻辑设计与电路设计分开。在ENIAC的设计中，设计者们也提出过逻辑设计的规则，但是这些规则与电路设计规则相互联系、相互纠结。有了这种理想化的计算元件，设计者就能把计算机的纯逻辑要求（如存储和真值函项的要求）与技术状况（材料和元件的物理局限等）所提出的要求区分开来考虑。（2）理想化计算元件的使用也为自动机理论的建立奠定了基础。理想化元件的设计可以借助数理逻辑的严密手段来实现，能够抽象化、理想化。

冯·诺伊曼的朋友兼合作者乌拉姆也曾这样描述他："冯·诺伊曼是不同的。他也有几种十分独特的技巧（很少有人能具有多于2、3种的技巧），其中包括线性算子的符号操作。他也有一种对逻辑结构和新数学理论的构架、组合超结构的，捉摸不定的'普遍意义下'的感觉。在很久以后，当他变得对自动机的可能性理论感兴趣时，当他着手研究电子计算机的概念和结构时，这些东西被派了用处。"

三、自动机模型中体现的抽象化原则

现代自动机模型也体现了毕达哥拉斯主义的抽象性原则。在《自动机理论：构造、自繁殖、齐一性》这部著作中，计算机研究者们提出了对自动机的总体设想与模型，一共设想了五种自动机模型：动力模型、元胞模型、兴奋-阈值-疲劳模型、连续模型和概率模型。为了后面的分析，我们先简要地介绍这五个模型。

第一个模型是动力模型。动力模型处理运动、接触、定位、融合、切割、几何动力问题，但不考虑力和能量。动力模型最基本的成分是：储存信息的逻辑（开关）元素与记忆（延迟）元素、提供结构稳定性的梁（girder）、感知环境中物体的感觉元素、使物体运动的动力元素、连接和切割元素。这类自动机有八个组成部分：刺激器官、共生器官（coincidence organ）、抑制器官（inhibitory organ）、刺激生产者、刚性成员（rigid members）、融合器官（fusing organ）、切割器官（cutting organ）、肌肉。其中四个部分用来完成逻辑与信息处理过程：刺激器官接受并传输刺激，它分开接受刺激，即实现"p 或 q"的真值；共生器官实现"p 和 q"的真值；抑制器官实现"p 和 q"的真值；刺激生产者提供刺激源。刚性成员为建构自动机提供刚性框架，它们不传递刺激，可以与同类成员相连接，也可以与非刚性成员相连接，这些连接由融合器官来完成。当这些器官被刺激时，融合器官把它们连接在一起，这些连接可以被切割器官切断。第八个部分是肌肉，用来产生动力。

第二个模型是元胞模型。在该模型中，空间被分解为一个个元胞，每个元胞包含同样的有限自动机。冯·诺伊曼把这些空间称之为"晶体规则"（crystalline regularity）、"晶体媒介"（crystalline medium）、"颗粒结构"（granular structure）以及"元胞结构"（cellular structure）。对于自繁殖（self-reproduction）的元胞结构形式，冯·诺伊曼选择了正方形的元胞无限排列形式。每个元胞拥有 29 态有限自动机。每个元胞直接与它的四个相邻元胞以延迟一个单位时间交流信息，它们的活动由转换规则来描述（或控制）。29 态包含 16 个传输态（transmission state）、4 个合流态（confluent state）、1 个非兴奋态、8 个感知态。

第三个模型是兴奋-阈值-疲劳模型，它建立在元胞模型的基础上。元胞模型的每个元胞拥有 29 态，冯·诺伊曼模拟神经元胞拥有疲劳和阈值机制来构造 29 态自动机，因为疲劳在神经元胞的运作中起了重要的作用。兴奋-阈值-疲劳模型比元胞模型更接近真正的神经系统。一个理想的兴奋-阈值-疲劳神经元胞有指定的开始期及不应期。不应期分为两个部分：绝对不应期和相对不应期。如果一个神经元胞不是疲劳的，当激活输入值等于或超过其临界点时，它将变得兴奋。当神经元胞兴奋时，将发生两种状况：（1）在一定的延迟后发出输出信号，不应期开始，神经元胞在绝对不应期内不能变得兴奋；（2）当且仅当激活输入数等于或超过临界点，神经元胞在相对不应期内可以变得兴奋。当兴奋-阈值-疲劳神经元胞变得兴奋时，必须记住不应期的时间长度，用这个信息去阻止输入刺激对自身的平常影响。于是这类神经元胞并用开关、延迟输出、内在记忆以及反馈信号来控制输入讯号，这样的装置实际上就是一台有限自动机。

第四个模型是连续模型。连续模型以离散系统开始，以连续系统继续，先发展自增殖的元胞模型，然后化归为兴奋-阈值-疲劳模型，最后用非线性偏微分方程来描述它。自繁殖的自动机的设计与这些偏微分方程的边际条件相对应。他的连续模型与元胞模型的区别就像模拟计算机与数字计算机的区别一样，模拟计算机是连续系统，而数字计算机是离散系统。

第五个模型是概率模型。研究者们认为自动机在各种态（state）上的转换是概率的而不是决定的。在转换过程有产生错误的概率，发生变异，机器运算的精确性将降低。《概率逻辑与从不可靠元件到可靠组织的综合》一文探讨了概率自动机，探讨了在自动机合成中逻辑错误所起的作用。"对待错误，不是把它当作是额外的、由于误导而产生的事故，而是把它当作思考过程中的一个基本部分，在合成计算机中，它的重要性与对正确的逻辑结构的思考一样重要。"

从以上自动机理论中可以看出，冯·诺伊曼对自动机的研究是从逻辑和统计数学的角度切入，而非心理学和生理学。他既关注自动机构造问题，也关注逻辑问题，始终把心理学、生理学与现代逻辑学相结合，注重理论的形式化与抽象化。《自动机理论：建造、自繁殖、齐一性》开头第一句话就这样写道："自动机的形式化研究是逻辑学、信息论以及心理学研究的课题。单独从以上某个领域来看都不是完整的。所以要形成正确的自动机理论必须从以上三个学科领域吸收其思想观念。"他对自然自动机和人工自动机运行的研究，都为自动机理论的形式化、抽象化部分提供了经验素材。

冯·诺伊曼在提出动力学模型后，对这个模型并不满意，因为该模型仍然是以具体的原材料的吸收为前提，这使得详细阐明元件的组装规则、自动机与环境之间的相互作用以及机器运动的很多精确的简单规则变得非常困难，这让冯·诺伊曼感到，该模型没有把过程的逻辑形式和过程的物质结构很好地区分开来。作为一个数学家，冯·诺伊曼想要的是完全形式化的抽象理论，他与著名的数学家乌拉姆探讨了这些问题，乌拉姆建议他从元胞的角度来考虑。冯·诺伊曼接受了乌拉姆的建议，于是建立了元胞自动机模型。该模型既简单抽象，又可以进行数学分析，很符合冯·诺伊曼的意愿。

冯·诺伊曼是第一个把注意力从研究计算机、自动机的机械制造转移到逻辑形式上的计算机专家，他用数学和逻辑的方法揭示了生命的本质方面——自繁殖机制。在元胞自动机理论中，他还研究了自繁殖的逻辑，并天才地预见到，自繁殖自动机的逻辑结构在活细胞中也存在，这都体现了毕达哥拉斯主义的数学理性。冯·诺伊曼最先把图灵通用计算机概念扩展到自繁殖自动机，他的元胞自动机模型，把活的有机体设想为自繁殖网络并第一次提出为其建立数学模型，也体现了毕达哥拉斯主义通过数和形来把握事物特征的思想。

四、自动机背后的数学和谐性追求

自动机的研究工作基于古老的毕达哥拉斯主义的信念——追求数学和谐性。冯·诺伊曼在早期的计算机逻辑和程序设计的工作中，就认识到数理逻辑将在新的自动机理论中起着非常重要的作用，即自动机需要恰当的数学理论。他在研究自动机理论时，注意到了数理逻辑与自动机之间的联系。从上面关于自动机理论的介绍中可以看出，他的第一个自增殖模型是离散的，后来又提出了一个连续模型和概率模型。从自动机背后的数学理论中可以看出，讨论重点是从离散数学逐渐转移到连续数学，在讨论了数理逻辑之后，转而讨论了概率逻辑，这都体现了研究者对自动机背后数学和谐性的追求。

在冯·诺伊曼撰写关于自动机理论时，他对数理逻辑与自动机的紧密关系已非常了解。库尔特·哥德尔通过表明逻辑的最基本的概念（如合式公式、公理、推理规则、证明）在本质上是递归的，他把数理逻辑还原为计算理论，认为递归函数是能在图灵机上进行计算的函数，所以可以从自动机的角度来看待数理逻辑。反过来，数理逻辑亦可用于自动机的分析和综合。自动机的逻辑结构能用理想的开关-延迟元件来表示，然后翻译成逻辑符号。不过，冯·诺伊曼感觉到，自动机的数学与逻辑的数学在形式特点上是有所不同的。他认为现存的数理逻辑虽然有用，但对于自动机理论来说是不够的。他相信一种新的自动机逻辑理论将兴起，它与概率理论、热力学和信息理论非常类似并有着紧密的联系。

20 世纪 40 年代晚期，冯·诺伊曼在美国加州帕赛迪纳的海克森研讨班上做了一系列演讲，演讲的题目是《自动机的一般逻辑理论》，这些演讲对自动机数学逻辑理论做了探讨。在 1948 年 9 月的专题研讨会上，冯·诺伊曼在宣读《自动机的一般逻辑理论》时说道："请大家原谅我出现在这里，因为我对这次会议的大部分领域来说是外行。甚至在有些经验的领域——自动机的逻辑与结构领域，我的关注也只是在一个方面，数学方面。我将要说的也只限于此。我或许可以给你们一些关于这些问题的数学方法。"

冯·诺伊曼认为在目前还没有真正拥有自动机理论，即恰当的数理逻辑理论，他对自动机的数学与现存的逻辑学做了比较，并提出了自动机新逻辑理论的特点，指出了缺乏恰当数学理论所造成的后果。

（一）自动机数学中使用分析数学方法，而形式逻辑是组合的

自动机数学中使用分析数学方法有方法论上的优点，而形式逻辑是组合的。"搞形式逻辑的人谁都会确认，从技术上讲，形式逻辑是数学上最难驾驭的部分之一。其原因在于，它处理严格的全有或全无概念，它与实数或复数的连续性概念没有什么联系，即与数学分析没有什么联系。而从技术上讲，分析是数学最成功、最精致的部分。因此，形式逻辑由于它的研究方法与数学的最成功部分的方法不同，因而只能成为数学领域的最难的部分，只能是组合的。"

冯·诺伊曼指出，比起过去和现在的形式逻辑（指数理逻辑）来，自动机数学的全有或全无性质很弱。它们组合性极少，分析性却较多。事实上，有大量迹象可使我们相信，这种新的形式逻辑系统（按：包含非经典逻辑的意味）接近于别的学科，这个学科过去与逻辑少有联系。也就是说，具有玻尔兹曼所提出的那种形式的热力学，它在某些方面非常接近于控制和测试信息的理论物理学部分，多半是分析的，而不是组合的。

（二）自动机逻辑理论是概率的，而数理逻辑是确定性的

冯·诺伊曼认为，在自动机理论中，有一个必须解决好的主要问题，就是如何处理自动机出现故障的概率的问题，该问题是不能用通常的逻辑方法解决的，因为数理逻辑只能进行理想化的开关-延迟元件的确定性运算，而没有处理自动机故障的概率的逻辑。因此，在对自动机进行逻辑设计时，仅用数理逻辑是不够的，还必须使用概率逻辑，把

概率逻辑作为自动机运算的重要部分。冯·诺伊曼还认为，在研究自动机的功能上，必须注意形式逻辑以前从没有出现的状况。既然自动机逻辑中包含故障出现的概率，那么我们就应该考虑运算量的大小。数理逻辑通常考虑的是，是不是能借助自动机在有穷步骤内完成运算，而不考虑运算量有多大。但是，从自动机出现故障的实际情况来看，运算步骤越多，出故障（或错误）的概率就越大。因此，在计算机的实际应用中，我们必须要关注计算量的大小。在冯·诺伊曼看来，计算量的理论和计算出错的可能性既涉及连续数学，又涉及离散数学。

"就整个现代逻辑而言，唯一重要的是一个结果是否在有限几个基本步骤内得到。而另一方面形式逻辑不关心这些步骤有多少。无论步骤数是大还是小，它不可能在有生的时间内完成，或在我们知道的星球宇宙设定的时间内不能完成，也没什么影响。在处理自动机时，这个状况必须做有意义的修改。"

就一台自动机而言，不仅在有限步骤内要达到特定的结果，而且还要知道这样的步骤需要多少步，这有两个原因：第一，自动机被制造是为了在某些提前安排的区间里达到某些结果；第二，每个单独运算中，采用的元件的大小都有失败的可能性，而不是零概率。在比较长的运算链中，个体失败的概率加起来可以（如果不检测）达到一个单位量级——在这个量级点上它得到的结果完全不可靠。这里涉及的概率水平十分低，而且在一般技术经验领域内排除它也并不是遥不可及。如果一台高速计算机器处理一类运算，必须完成 1012 单个运算，那么可以接受的单个运算错误的概率必须小于 10—12。如果每个单个运算的失败概率是 10—8 量级，当前认为是可接受的，如果是 10—9 就非常好。高速计算机器要求的可靠性更高，但实际可达到的可靠性与上面提及的最低要求相差甚远。

也就是说，自动机的逻辑在两个方面与现有的形式逻辑系统不同。

（1）"推理链"的实际长度，也就是说，要考虑运算的链。

（2）逻辑运算（三段论、合取、析取、否定等在自动机的术语里分别是门 [gating]、共存、反-共存、中断等行为）必须被看作是容纳低概率错误（功能障碍）而不是零概率错误的过程。

所有这些，重新强调了前面所指的结论：我们需要一个详细的、高度数学化的、更典型、更具有分析性的自动机与信息理论。缺乏自动机逻辑理论是一个限制我们的重要因素。如果我们没有先进而且恰当的自动机和信息理论，我们就不可能建造出比我们现在熟知的自动机具有更高复杂性的机器，就不太可能产生更具有精确性的自动机。

以上是冯·诺伊曼对现代自动机理论数学、逻辑理论方法的探讨。他用数学和逻辑形式的方法揭示了自动机最本质的方面，为计算机科学特别是自动机理论奠定了数学、逻辑基础。总之，冯·诺伊曼对自动机数学的分析开始于数理逻辑，并逐渐转向分析数学，转向概率论，最后讨论了热力学。通过这种分析建立的自动机理论，能使我们把握复杂自动机的特征，特别是人的神经系统的特征。数学推理是由人的神经系统实施的，而数学推理借以进行的"初始"语言类似于自动机的初始语言。因此，自动机理论将影响逻辑和数学的基本概念，这是很有可能的。冯·诺伊曼说："我希望，对神经系统所作的更深入的数学研讨……将会影响我们对数学自身各个方面的理解。事实上，它将会改变我们对数学和逻辑学的固有的看法。"

现代计算机的逻辑结构以及自动机理论中对数学、逻辑的种种探讨，都是寻求计算机背后的数学核心的顽强努力。逻辑简单性、形式化、抽象化原则都在计算机研究中得到了充分的应用，这都体现了毕达哥拉斯主义数学自然观的影响。

第二节　计算机软件的应用理论

随着时代的进步，科技的革新，我国在计算机领域已经取得了很大的成就，计算机网络技术的应用给人类社会的发展带来了巨大的革新，加速了现代化社会的构建速度。文章就"关于计算机软件的应用理论探讨"这一话题展开了一个深刻的探讨，详细阐述了计算机软件的应用理论，以此来强化我国计算机领域的技术人员对计算机软件工程项目创新与完善工作的重视程度，使得我国计算机领域可以正确对待关于计算机软件的应用理论研究探讨工作，从根本上掌握计算机软件的应用理论，进而增强他们对计算机软件应用理论的掌握程度，研究出新的计算机软件技术。

一、计算机软件工程

当今世界是一个趋于信息化发展的时代，计算机网络技术的不断进步在很大程度上影响着人类的生活。计算机在未来的发展中将会更加趋于智能化发展，智能化社会的构建将会给人们带来很多新的体验。而计算机软件工程作为计算机技术中比较重要的一个环节，肩负着重大的技术革新使命，目前，计算机软件工程技术已经在我国的诸多领域中得到了应用，并发挥了巨大的作用，该技术工程的社会效益和经济效益的不断提高将会从根本上促进我国总体的经济发展水平的提升。总的来说，我国之所以要开展计算机软件工程管理项目，其根本原因在于给计算机软件工程的发展提供一个更为坚固的保障。计算机软件工程的管理工作同社会上的其他项目管理工作具有较大的差别，一般的项目工程的管理工作的执行对管理人员的专业技术要求并不高，难度也处于中等水平。但计算机软件工程项目的管理工作对项目管理的相关工作人员的职业素养要求十分高，管理人员必须具备较强的计算机软件技术，能够在软件管理工作中完成一些难度较大的工作，进而维护计算机软件工程项目的正常运行。为了能够更好地帮助管理人员学习计算机软件相关知识，企业应当为管理人员开设相应的计算机软件应用理论课程，从而使其可以全方位地了解到计算机软件的相关知识。计算机软件应用理论是计算机的一个学科分系，其主要是为了帮助人们更好地了解计算机软件的产生以及用途，从而方便人们对于计算机软件的使用。在计算机软件应用理论中，计算机软件被分为了两类，一是系统软件，二是应用软件。系统软件顾名思义是系统以及系统相关的插件以及驱动等所组成的。例如在我们生活中所常用的 Windows7、Windows8、Windows10 以及 Linux 系统、Unix 系统等均属于系统软件的范畴，此外我们在手机中所使用的塞班系统、Android 系统以及 iOS 系统等也属于系统软件，甚至华为公司所研发的鸿蒙系统也是系统软件之一。在系统软件中不但包含诸多的电脑系统、手机系统，同时还具有一些插件。例如，我们常听说的某系统的汉化包、扩展包等也是属于系统软件的范畴。同时，一些电脑中以及手机中所使用的驱动程序也是系统软件之一。例如，电脑中用于显示的显卡驱动、用于发声的声卡驱动和用于连接以太网、WiFi 的网卡驱动等。而应用软件则可以理解为是除了系统软件外的软件。

二、计算机软件开发现状分析

虽然，随着信息化时代的到来，我国涌现出了许多的计算机软件工程相应的专业性人才，然而目前我国的计算机软件开发仍具有许多的问题。例如缺乏需求分析、没有较好的完成可行性分析等。下面，将对计算机软件开发现状进行详细分析。

（一）没有确切明白用户需求

首先，在计算机软件开发过程中最为严重的问题就是没有确切的明白用户的需求。

在进行计算机软件的编译过程中，我们所采用的方式一般都是面向对象进行编程，从字面意思中我们可以明确地了解到用户的需求将对软件所开发的功能起到决定性的作用。同时，在进行软件开发前，我们也需要针对软件的功能等进行需求分析文档的建立。在这其中，我们需要考虑到本款软件是否需要开发，以及在开发软件的过程中我们需要制作怎样的功能，而这一切都取决于用户的需求。只有可以满足用户的一切需求的软件才是真正意义上的优质软件。而若是没有确切的明白用户的需求就进行盲目开发，那么在对软件的功能进行设计时将会出现一定的重复、不合理等现象。同时经过精心制作的软件也由于没有满足用户的需求而不会得到大众的认可。因此，在进行软件设计时，确切的明白用户的需求是十分必要的。

（二）缺乏核心技术

其次，在现阶段的软件开发过程中还存在缺乏核心技术的现象。与西方一些发达国家相比，我国的计算机领域研究开展较晚，一些核心技术也较为落后。并且，我国的大部分编程人员所使用的编程软件的源代码也都是西方国家所有。甚至开发人员的环境都是在美国微软公司所研发的 Windows 系统以及芬兰人所共享的 Linux 系统中进行的。因此，我国在软件开发过程中存在着极为严重的缺乏核心技术的问题。这不但会导致我国所开发出的一些软件在质量上与国外的软件存在着一定的差异，同时也会使得我国所研发的软件缺少一定的创新性。这同时也是我国所研发的软件时常会出现更新以及修复补丁的现象的原因所在。

（三）没有合理地制定软件开发进度与预算

再者，我国的软件开发现状还存在没有合理地制定软件开发进度与预算的问题。在上文中，我们曾提到在进行软件设计、开发前，我们首先需要做好相应的需求分析文档。在做好需求分析文档的同时，我们还需要制作相应的可行性分析文档。在可行性分析文档中，我们需要详细地规划出软件设计所需的时间以及预算，并制定相应的软件开发进度。在制作完成可行性分析文档后，软件开发的相关人员需要严格地按照文档中的规划进行开发，否则这将会对用户的使用以及国家研发资金的投入造成严重的影响。

（四）没有良好的软件开发团队

同时，在我国的计算机软件开发现状中还存在没有良好的软件开发团队的问题。在进行软件开发时，需要详细地设计计算机软件的前端、后台以及数据库等相关方面。并且在进行前端的设计过程中也需要划分美工的设计、排版的设计以及内容与数据库连接的设计。在后台中同时需要区分为数据库连接、前端连接以及各类功能算法的实现和各类事件响应的生成。因此，在软件的开发过程中拥有一个良好的软件研发团队是极为必要的。这不但可以有效地帮助软件开发人员减少软件开发的所需时间，同时也可以有效地提高软件的质量，使其更加符合用户的需求。而我国的软件开发现状中就存在没有良好的软件开发团队的问题。这个问题主要是由于在我国的软件开发团队中，许多的技术人员缺乏高端软件的开发经验，同时许多的技术人员都具有相同的擅长之处。这都是造成这一问题的主要原因。同时，技术人员缺乏一定的创新性也是造成我国缺少良好的软件开发团队的主要原因之一。

（五）没有重视产品调试与宣传

在我国的软件开发现状中还存在没有重视产品的调试与宣传的问题。在上文中，曾提到过在进行软件开发工作前，我们首先需要制作可行性分析文档以及需求分析文档。在完成相应的软件开发后，我们同样需要完成软件测试文档的制作，并在文档中详细地记录在软件调试环节所使用的软件测试方法以及进行测试功能与结果。在软件测试中大致所使用的方式有白盒测试和黑盒测试，通过这两种测试方式，我们可以详细地了解到软件中的各项功能是否可以正常运行。此外，在完成软件测试文档后，我们还需要对所开发的软件进行宣传，从而使得软件可以被众人所了解，从而充分地发挥出本软件的作用。而在我国的软件开发现状中，许多的软件开发者只注重了软件开发的过程而忽略了软件开发的测试阶段以及宣传阶段。这将会导致软件出现一定的功能性问题，例如一些功能由于逻辑错误等无法正常使用，或是其他的一些问题。而忽略了宣传阶段，则会导致软件无法被大众所了解、使用，这将会导致软件开发失去了其目的，从而造成一些科研资源以及人力资源的浪费。

三、计算机软件开发技术的应用研究

我国计算机软件开发技术主要体现在 Internet 的应用和网络通信的应用两方面。互联网技术的不断成熟，使得我国通信技术已经打破了时间空间的限制，实现了现代化信息共享单位服务平台，互联网技术的迅速发展密切了世界各国之间的联系，使得我国同其他国家直接的联系变得更加密切，加速了构建"地球村"的现代化步伐。与此同时，网络通信技术的发展也离不开计算机软件技术，计算机软件技术的不断深入发展给通信领域带来了巨大的革新，将通信领域中的信息设备引入计算机软件开发的工程作业中可以促进信息化时代数字化单位发展，从根本上加速我国整体行业领域的发展速度。相信，不久之后我国的计算机软件技术将会发展得越来越好，并逐渐向着网络化、智能化、融合化方向靠拢。

就上文所述，可以看到当下我国计算机技术已经取得了突破性的进展，在这样的社会背景之下，计算机软件的种类不断增加，多样化的计算机软件可以满足人类社会生活中的各种生活需求，使得人类社会生活能够不断趋于现代化社会发展。为了能够从根本上满足我国计算机软件工程发展中的需求，给计算机软件工程提供有效的进一步发展的空间，当下我国必须加大对计算机软件工程项目的重视，鼓励从事计算机软件工程项目研究的技术人员不断完善自身对计算机软件的应用理论知识的掌握程度，在其内部制定出有效的管理体制，进而从根本上提高计算机软件工程项目运行的质量水平，为计算机技术领域的发展做铺垫。

第三节　计算机辅助教学理论

计算机辅助教学有利于教育改革和创新，有力地促进了我国教育事业的发展。本节主要分析了计算机辅助教学的概念和计算机辅助教学的实践内容，以及计算机辅助教学对于实际教学的影响。希望对今后研究计算机辅助教学有一定的借鉴。

计算机辅助教学的概念从狭义的角度来理解，就是在课堂上老师利用计算机的教学软件对课堂内容进行设计，而学生通过老师设计的软件内容对相关的知识进行学习。也可以理解为计算机辅助或者取代老师对学生们进行知识的传授以及相关知识的训练。同时也可以定义计算机辅助教学是利用教学软件把课堂上讲解的内容和计算机进行结合，把相关的内容用编程的方式输入给计算机，这样一来，学生在对相关的知识内容进行学习的时候，可以采用和计算机互动的方式进行学习。老师利用计算机丰富了课堂上的教学方式，为学生创造了一个更加丰富的教学氛围，在这种氛围下，学生可以通过计算机间接的跟老师进行交流。我们可以理解为，计算机辅助教学是用演示的方式进行教学，但是演示并不是计算机辅助教学的全部特点。

一、计算机辅助教学的实践内容

（一）计算机辅助教学的具体方式

我国大部分学校主要采用的一种课堂教学形式就是老师面对学生进行教学，这种教学形式已经存在了很多年，有存在的价值和意义。因为在老师教育学生的过程中，老师和学生的互相交流是非常重要的，学生和学生之间的互相学习也必不可少，这种人与人之间情感上的影响和互动是计算机无法取代的，所以计算机只能成为一个辅助的角色来为这种教学形式进行服务。计算机辅助教学是可以帮助课堂教学提升教学质量的，但是计算机辅助教学不一定仅仅体现在课堂上。我们都知道老师给学生传授知识的过程分为学生预习、老师备课，最后是课堂传授知识。计算机辅助教学可以针对这个过程中的单个环节进行服务和帮助，例如在老师备课的这个环节，计算机可以提供一些专门的备课软件以及系统，虽然这种备课的软件服务的是老师，但是却可以有效地提升老师备课的效率和质量，使得老师可以更好地来组织授课的内容，这其实也是从另外一个角度对学生进行服务，因为老师的备课效率提高，最终收益的还是学生。再比如说，计算机针对学生预习和自习进行服务和帮助，可以把老师的一些想法和考虑与计算机的相关教学软件结合起来，使得学生在利用计算机进行自习和预习的时候也得到了老师的指导。使得学生的学习效率得到很大的提高。

（二）无软件计算机辅助教学

利用计算进行辅助教学是需要一些专门的教学软件的，但是一些学校因为资金缺乏或者其他方面的原因，课堂上的教学软件没有得到足够的支持，内容没有得到及时的更新和优化。这就使得一些学校出现了利用计算机系统常用软件进行计算机辅助教学的情况。例如利用 OFFICE 的 word 软件作为学生写作练习的辅助工具，学生利用 word 进行写作练习，可以极大地提升写作的效率，这样就可以使得学生在课堂上有更多的时间听老师的讲解，并且在学生写作的过程中，可以保持写作的专注度，使得写作的思路更加的顺畅，在提升学生思维能力的同时，也提升了学生的打字能力，促进了学生综合能力的提高。这种计算机辅助教学的形式也是很多学校在实践的过程中会用到的。

（三）计算机和学生进行互动教学

利用计算机和学生的互动进行辅助教学，这种方式将网络作为基础，利用相关的教学软件具体地辅助教学。针对不同的学生和老师的具体需求，采用个性化的教学软件进行服务以及配合，体现出计算机与学生进行互动的功能。另外，网络远程教学的形式特别适合成人，这种人机互动的教学模式是未来教育发展的主要方向，它可以使得更多对知识有需要的人们更容易、更方便地参与到学习中来。当然这种形式还需要长期的实践作为经验基础。但是笔者认为，计算机辅助教学毕竟不是教学的全部，它只是起到一个辅助的作用，我们应该把计算机辅助教学放在一个合理的位置上去看待它，计算机的辅助应该是适度的。

二、计算机辅助教学对于实际教学的影响

（一）对于教学内容的影响

在实际的教学中，教学内容主要承担着知识传递的部分，学生主要通过教学内容获得知识，提升能力。计算机辅助教学的应用使得教学内容发生了一些形式上和结构上的改变，并且计算机已经成为老师和学生都必须熟练掌握的一种现代化工具。

（二）形式上的改变

以往的教学内容表现形式主要是用文字进行表述，并且还会有配合文字的简单的图形和表格。现在通过计算机的辅助教学，可以在文本以及图画、动画、视频、音频等各个方面来表现教学内容，把要传递的知识和信息表现得更加具体和丰富。一些原本很难理解的文字性概念和定理，现在通过计算机来进行立体式的表达，更加清晰，使得学生更加容易去理解。同时这种计算机辅助教学对教学内容进行表达的方式可以极大地提升信息传递的效率，把教学内容用多种方式表达出来，满足不同学生的个性化需求。

（三）对于教学组织形式的影响

1. 结构上的改变

以往的教学组织形式都是采用班级教学进行，主要是老师对学生进行知识的传授，老师是作为主体的，学生处于被动的位置，很难满足学生的个性化学习需求。而计算机辅助教学则会给这种教学组织形式带来根本性的改变，在整个教学组织形式中老师将不再成为主体，学生的个性化需求也将得到满足。使教学组织形式可以有效地避免时间和

空间的限制，让教学形式更加开放、更加分散、更加个体化和社会化。学生利用网络得到无限的资源，老师利用计算机网络得到无限的空间，并且在时间上也更加自由，不再固定在某个时间段进行学习或者授课。

2. 对于教学方法的影响

教学方法是教学的重要部分。以往的教学方法都是老师在课堂上对学生进行知识的传授，而现今是老师引导学生们进行学习。这种引导式的教学方法可以有效地提升学生的思维能力，并且能够让学生的学习积极性更加强烈。通过计算机辅助教学和引导式教学相结合，使得引导式教学更加的高效。例如利用计算机对教学内容进行演示，给学生提供视觉上和听觉上更加直观的表达方式，使得学生对于教学内容的理解更加透彻。并且利用计算机辅助教学可以有效地加强学生和老师之间的交流以及学生和学生之间的交流，并且交流的内容不仅限于文字，还可以发送图片或者视频等内容，非常有利于培养学生的交流合作能力。另外，计算机辅助教学还可以把学生学习的重点引导向知识点之间的逻辑关系上，不再只是学习单个的知识点，这样更有助于学生锻炼自身的思维能力，引导学生建立适合自身的学习风格和方式，培养学生的综合能力。

计算机辅助教学对促进我国教育起到了很大的作用，但是相对于发达国家来说，我们还有很大的差距和不足，应该努力开发和研究，不断完善这一教学方式，不断探索新的教学方法。同时，计算机辅助教学要更好地与课堂实际教学相结合，更好地促进我国的教育改革和发展。

第四节 计算机智能化图像识别技术的理论

由于我国社会经济发展，科技也在持续进步，大家开始运用互联网，计算机的应用愈发广泛，图像识别技术也一直在进步。这对我国计算机领域而言是个很大的突破，还推动了其他领域的发展。所以，计算机智能化图像识别技术的理论突破及应用前景能够帮助各领域的可持续发展。

现在大家的生活质量提升，越来越多的人应用计算机。生产变革对计算机也有新要求，特别是图像识别技术。智能化是各行各业发展的方向，也是整个社会的发展趋势。但是图像技术的发展时间不长，现在只用于简单的图像问题上，没有与时俱进。所以，计算机智能化图像识别技术在理论层面突破是很关键的。

一、计算机智能化图像识别技术

计算机图像识别系统包括：图像输入，把得到的图像信息输入计算机识别；图像预处理，分离处理输入的图像，分离图像区与背景区，同时细化与二值化处理图像，有利于后续高效处理图像；特征提取，将图像特征突出出来，让图像更真实，并通过数值标注；图像分类，储存在不同的图像库中，方便将来匹配图像；图像匹配，对比分析已有的图片和前面有的图片，找出现有图片的特色，从而识别图像。计算机智能化图像识别技术手段通常包括三种：①统计识别法。其优势是把控最小的误差，将决策理论作为基础，通过统计学的数学建模找出图像规律。②句法识别法。其作为统计法的补充，通过符号表达图像特点，基础是语言学里的句法排列，从而简化图像，有效识别结构信息。③神经网络识别法。具体用于识别复杂图像，通过神经网络安排节点。

二、计算机智能化图像识别技术的特征

（1）信息量较大。识别图像信息应对比分析大量数据。具体使用时，一般是通过二维信息处理图像信息。与语言信息比较而言，图像信息频带更宽，在成像、传输与存储图像时，离不开计算机技术，这样才能大量存储。一旦存储不足，会降低图像识别准确度，造成与原图不一致。而智能化图像处理技术能够避免该问题，能够处理大量信息，并且让图像识别处理更快，确保图像清晰。

（2）关联性较大。图像像素间有很大的联系。像素作为图像的基本单位，其互相的链接点对图像识别非常关键。识别图像时，信息和像素对应，能够提取图像特征。智能化识别图像时，一直在压缩图像信息，特别是选取三维景物。由于输入图像没有三维景物的几何信息水平，必须有假设与测量，因此计算机图像识别需考虑到像素间的关联。

（3）人为因素较大。智能化图像识别的参考是人。后期识别图像时，主要是识别人。人是有自己的情绪与想法的，也会被诸多因素干扰，图像识别时难免渗入情感。所以，人为控制需要对智能化图像技术要求更高。该技术需从人为操作出发，处理图像要尽量符合人的满足，不仅要考虑实际应用，也要避免人为因素的影响，确保计算机顺利工作及图像识别真实。

三、计算机智能化图像识别技术的优势

（1）准确度高。因为现在的技术约束，只能对图像简单数字化处理。而计算机能够转化成 32 位，需要满足每位客户对图像处理的高要求。不过，人的需求会随着社会的进步而变化，所以我们必须时刻保持创新意识，开发创新更好的技术。

（2）呈现技术相对成熟。图像识别结束后的呈现很关键，现在该技术相对成熟。识别图像时，可以准确识别有关因素，如此一来，无论是怎样的情况下都可以还原图像。呈现技术还可以全面识别并清除负面影响因素，确保处理像素清晰。

（3）灵活度高。计算机图像处理能够按照实际情况放大或缩小图像。图像信息来源于很多方面，不管是细微的还是超大的，都能够识别处理。通过线性运算与非线性处理完成识别，通过二维数据灰度组合，确保图像质量，这样不但可以很快识别，还可以提升图像识别水平。

四、计算机智能化图像识别技术的突破性发展

（1）提高图像识别精准度。二维数组现在已无法满足我们对图像的期许。因为大家的需求也在不断变化，所以需要图像的准确度更高。现在正向三维数组的方向努力发展，推动处理的数据信息更加准确，进而确保图像识别更好地还原，保证高清晰度与准确度。

（2）优化图像识别技术。现在不管是什么样的领域都离不开计算机的应用，而智能化是当今的热门发展方向，大家对计算机智能化有着更高的期待。其中，最显著的就是图像智能化处理，推动计算机硬件设施与系统的不断提升。计算机配置不断提高，图像分辨率与存储空间也跟着增加。此外，三维图像处理的优化完善，也优化了图像识别技术。

（3）提升像素呈现技术。现在图像识别技术正不断变得成熟，像素呈现技术也在进步。计算机的智能化性能能够全面清除识别像素的负面影响因素，确保传输像素时不受干扰，从而得到完整真实的图像。相信关于计算机智能化图像识别技术的实际应用也会越来越多。

综上所述，本节简单分析了计算机智能化图像识别技术的理论及应用。这项技术对我国社会经济发展作出了卓越的贡献，尤其是对科技发展的作用不可小觑。它的应用领

域很广，包罗万象，在特征上具有十分鲜明的准确与灵活的优势特点，让我们的生活更加方便。现阶段我国愈发重视发展科技，并且看重自主创新。所以，我们还应持续进行突破，通过实践不断积累经验，从而提升技术能力，让技术进步得更高更快，从而帮助国家实现长远繁荣的发展。

第五节　计算机大数据应用的技术理论

近几年来，先进的计算机与信息技术已经在我国得到了广泛的发展和应用，极大地丰富了人们的生活和工作，并且有效促进了我国生产技术的发展。与此同时，计算机技术的性能也在不断更新和完善，并且其应用范围也不断扩大。尽管先进的计算机技术给各个领域的发展带来极大的促进作用，然而在计算机技术的应用过程中仍然存在着诸多问题，这主要是由于计算机技术的不断发展使得计算机网络数据量与数据类型不断扩大，因而使得数据的处理和存储成为影响计算机技术应用的一大重要问题。本节将围绕计算机大数据应用的技术理论展开讨论，详细分析当前计算机技术应用过程中存在的问题，并就这些问题提出相应的解决措施。

计算机技术的发展在给人们的生活和工作带来便利的同时也隐藏着诸多不利因素，因此，为了能够有效地促进计算机技术为人类所用，必须对其存在的一些问题进行解决。计算机技术的成熟与发展推动了大数据时代的到来，从其应用范围来说，大数据所涉及的领域非常广泛，其中包括：教育教学、金融投资、医疗卫生以及社会时事等一系列领域，由此可见，计算机网络数据与人们的生活和工作联系极其紧密，因此，确保网络数据的安全与高效处理成为相关技术人员的重要任务之一。

一、计算机大数据的合理应用给社会带来的好处

（一）提高了各行业的生产效率

先进技术的大范围合理应用给社会各行各业带来了诸多便利，有效提高了各行业的生产效率。如：将计算机技术应用到教育教学领域可以有效提高教育水平，这得益于计算机技术一方面可以改善教师的教学用具，从而可以有效减轻教师的教学重担；另一方面可以为学生营造一个更加舒适的学习环境，从而激发学生的学习热情，进而提高学生

的学习效率。将计算机技术应用到医疗卫生行业，首先可以促进国产化医疗设备的发展和成熟，其次还便于医疗工作者对病人的信息进行安全妥善管理，提高信息管理效率。

（二）促进了各行业的技术发展

计算机网络技术的大范围应用有效促进了各行业的技术发展，从而提高了传统的生产和管理技术。基于计算机大数据的时代背景之下诞生了许多新型的先进技术，如：在工业生产领域广泛应用的 PLC 技术，其是计算机技术与可编程器件完美融合的产物，将其应用到工业生产中可以有效提高生产效率，并且改善传统技术中存在的不足和缺陷，并且基于 PLC 技术的优良性能使得应用范围不断扩大，目前已经被广泛应用到电力系统行业，从而有效提高了电力系统管理效率。

二、计算机大数据应用过程中存在的问题

影响计算机大数据有效应用的原因有很多，其中数据采集技术的不完善是影响其合理应用的原因之一，因此，为了能够有效促进计算机大数据在其他领域的发展，必须首先提高数据采集效率，这样才能确保相关人员在第一时间获得重要的数据信息。其次，在数据采集效率提高之后，还必须加快数据传输速度，这样才能将采集到的有用数据及时传输到指定位置，便于工作人员将接收到的数据进行整合、加工和处理，从而方便用户的检索和参考。与此同时，信息监管及处理技术也是困扰技术人员的一大难题，同时制约着计算机网络技术的进一步发展，因此，提高信息数据的监管和处理技术任务迫在眉睫。

三、改进计算机大数据应用效率的措施

（一）提高数据采集效率

从上文可知，目前的计算机大数据在应用过程中存在许多的问题和不足，需要相关的技术人员不断完善和改进。其中，最为突出的问题之一便是数据的采集效率不能满足实际应用需求，因此，技术人员必须寻找可行的方案和技术来进一步完善当前的数据采集技术，以便能够有效提高数据采集效率。然而，信息在采集过程中由于其种类和格式存在很大的差异，进而使得信息采集变得相当复杂，因此，技术人员必须以信息格式

为入手点，不断优化和完善信息采集技术，确保各种类型的信息数据都能通过相似的采集技术实现采集功能，这样可以大大降低信息采集工程的难度，从而提高信息采集效率。

（二）优化计算机信息安全技术

尽管新兴的计算机技术给人类的生活带来了极大的便利，然而，凡事都有利有弊，计算机技术在给人类生活带来便利的同时也带来了一定的危害。大数据时代的到来方便了社会的生产和进步，但是同时给许多不法分子带来了机会，他们利用这种先进的计算机技术肆意盗取国家机密和个人的重要信息，因此，优化计算机信息安全维护技术成为摆在技术人员面前的一项重要任务。同时，当前的计算机网络数据中包含着众多社会人员的重要信息，其中包括身份证信息、银行卡信息以及众多的个人隐私，因此，维护网络数据的安全是至关重要的。然而，凡事都会有解决措施，如：技术人员应该定期维护数据安全网络或派专业人员进行实时监管确保其安全。

计算机技术的快速发展促进了大数据时代的到来，并且由于特有的优良性能使得其应用范围不断扩大。然而，尽管这种技术极大地促进了社会的生产，但是也同样会给社会带来一定的影响，因此，相关的技术人员需要不断的优化和完善计算机网络数据的监管技术以确保用户的信息安全。此外，为了便于信息的传输和流通，技术人员需要不断提高信息采集和传输速度，以便满足用户日益增长的需求。

第六节　控制算法理论及网络图计算机算法显示研究

随着 21 世纪科学技术的飞速发展，通用计算机技术已经普及到我们生活的方方面面。并且通过计算机技术，我国的各行各业都有了突飞猛进的发展。在计算机控制算法领域，通过将计算机技术与网络图的融合，将计算机的控制算法以现代化的计算机演算方式表现出来。并且随着计算机网络技术与网络图两者之间的协作发展，可以在控制算法上得到很好的定量优势和定性优势。本节通过对计算机网络显示与控制算法的运行原理进行分析研究，主要阐述计算机网络显示的具体应用方法。并将现有阶段计算机网络显示和控制算法中不足之处进行分析，并且提出了一些改进性的意见和方法。

随着近些年来计算机显示网络理论的研究深入，目前我国应用计算机网络显示和控制算法中的网络图的控制有着日新月异的变化。在工作中计算机可以实现与计算机网络图显示理论进行高效结合。并且在计算机网络图显示与控制算法中，符号理论的发展也极为迅速，它可以将网络图以及标号的运行熟练控制。而且在这些研究过程中重要的是计算机的控制算法和计算机的网络图显示。

一、计算机网络图的显示原理和储存结构

计算机网络图的显示原理简单地说就是点与线的结合。打个比方，如果需要去解决一个问题，那么必须从问题的本质出发。只有对问题的根源进行分析理解并认识问题的产生原因，才可以使用最有效的方法解决这个问题。换一种思考问题的方法，我们将数学上的问题利用数学理论进行建模，利用这种建模的方法对问题进行分析研究，就会发现所有的问题在数学模型中的组成只有两个因素，一个是点，还有一个是线。而最开始的数学建模的方法和灵感，是科学家们通过国际象棋的走位发现的。在国际象棋比赛的过程中，选手们需要根据比赛规则依次在两个不同的位置放置皇后。并且选手们选择皇后的位置有两个原则，第一使用最少的，第二选用最少的。而通过这种方法也就构成了计算机网络图中最原始的模型结构。并且由于计算机网络图的主要构成是点与线的构成，所以图形的领域是计算机网络图最主要的构成方式。在后续科学家的研究过程中，科学家们将图论融入计算机的算法中发现可以利用控制算法的方式对问题进行解决。通过这种方式形成的计算机网络图可以将图论中的数学模型建模和理论体系进行融合并加强了计算的效率。

而在最开始计算机运算过程中的储存结构通常是由关联矩阵结构，连接矩阵结构，十字连接表，连接表这4种最基本的基础结构构成。并且关联矩阵结构和邻接矩阵结构主要体现的是数组结构之间的关系。十字连表和邻接表主要体现的是链表结构之间的关系，并且在计算机运算过程的储存结构中链接表的方法并不止这一种。通常科学家们还可以通过对边表节点进行连接，并在连接过程中次序表达然后结合邻接表算法，就可以更好地在网络图中对现有的计算机算法进行表达。

二、网络图计算机的几种控制算法分析

网络图计算机的控制算法主要是由点符号权控制算法、边符号控制算法和网络图显示方法组成。在实际应用过程中点符号权控制算法主要是通过闭门领域中的结构组织，

在计算机使用符号计算的过程中掌握好极限度，主要是对最大和最小的度限定有着精确的控制，还需要在上下限中之间有着及时的更新。如果显示网络图需要使用符号算法进行，就需要依据下界随时变化的角度来满足网络图下界的需求。边符号的控制算法已经是一种较为成熟的算法方式，边符号控制算法主要是利用 M 边的最小编符号进行控制计算得出。而且边符号可以说是近些年来，科学家们对计算机网络算法的再一次创新，通过这次创新计算机网络图的控制理论有着更为完善的发展。并且通过对符号控制算法的上界和下界进行实际的确定过程中，可以将计算机网络图控制算法的优势更为明确地体现出来了。在运用边符号控制算法进行计算机网络控制计算过程中可以利用代表性的网络符号利用边控制算法提高计算中的精确度。而在工作人员使用计算机网络符号边控制算法的操作过程中，明确的界限可以使计算机的网络图显示有着更为精准的表达方式。在计算机控制算法中使用符号和边符号的显示主要是在绘制网络图的过程。在计算运行结束过后，就需要一种显示方法来将图像绘制过程中的数据进行输入。如果需要增加输入过程的准确程度，就需要操作人员将指令准确地输入到计算机的网络图中，并且在输入完成过后还需要将表格绘制中需要的其他数据，进行再次分析输入。而表格绘制过程中的数据，主要是包括绘图中的顶点个数，以及边的数量和图形的顶点坐标等。在计算机网络图的绘制过程中，大多数情况都需要创建邻接多重表，利用邻接多重表可以将数据更准确地输入到创建表中，才可以使网络图中的数据更完整的显示出来，并且还可以维持网络连接过程中的稳定性。

三、对现有计算机算法和网络图的显示方法的提升措施

目前现有的网络图计算机算法在运行的过程中通常会出现语言表达不简便、绘制网络图的过程复杂，并且在网络图的绘制过程中无法进行准确的记录。而随着计算机网络图的算法在更深入的应用过程中，就会发现计算机算法和网络图的显示以及在相关的查询系统在实际操作过程中，计算机算法和网络图的显示以及在相关的查询系统中如果不熟练使用会导致计算机整体系统不稳定，从而会将已经绘制好的网络图再次修改。出现以上类似问题，就需要在网络图的显示过程中借助计算机的 C 语言程序来绘制出想要表达出来的网络图。由于计算机中 C 语言的语言表达方式较为简单，并且 C 语言的功能也异常强大，所以在计算机网络图显示的过程中使用 C 语言可以将图形更加准确的绘制在计算机的屏幕上。并且又由于 C 语言计算所占字节数较少，所以 C 语言在绘制计算

机网络图的过程中，可以节省计算机的内部储存，并且使计算机在绘制网络图的速度和效率上都有极大地促进。而且随着绘制难度的加深，许多点对点之间的连线会出现很多顶点和边之间的关系，如果对计算机网络绘图不熟练就会造成绘图的失败。这就需要在绘图过程中，对图形每个顶点之间进行连线，并且还需要将整个图形绘制出相应的物理坐标。在图形的物理坐标上选取适当的距离，并将每个数值都选取整数或估算为整数。利用这种方法才可以将图形在绘制过程中的清晰度大为提升，也便于后续操作的观察。如果我们要将图形中不需要的边和点进行删除，那么就要在删除的过程中查询时间和过程，并将其准确的记录，以方便后续的操作。只有这样才能更好地构建出计算机网络图的显示系统。在计算机网络图的算法领域应用中，还需要对控制算法运行过程中的边符号控制系统进行完善。只有将绘制好的网络图进行多次修改和完善，才可以降低整个计算机算法系统的不稳定性。在修改过程中，还需要实现对数据的查询功能，以避免绘制出的图像古板模糊。在系统的完善过程中，还需要通过数据库的具体形式将数据进行正确操作来解决数据库绘制过程中的数据需求。如果提高对计算机控制算法的运行效率，还需要对计算机控制算法和网络图绘制过程中的不同对象进行有效的分析。

在未来的应用过程中，依然需要网络工作者们对计算机控制算法和网络图的显示进行不断的创新和发展，才可以使计算机网络图控制算法和显示功能更适应时代的发展和人们的生活需求。

计算机的网络图显示和控制算法理论，现在已经在我国的各个领域熟练地运用，并且每一阶段网络图理论和控制算法都有着迅猛的创新发展。由于目前计算机这一新兴行业受到了地方和国家的高度关注，计算机领域人才的培养也越来越重视，所以我国现代化发展的步伐离不开计算机网络图的应用。并且随着市场需求的不断增加，只有从网络应用层面出发，不断提升计算机的技能，才可以满足市场上的需求，以促进我国现代化发展的步伐。

第二章 计算机信息化技术

第一节 计算机信息化技术的风险防控

目前计算机信息化技术已经在各行各业中得到了广泛的应用，并且对人们的生产生活方式产生了巨大的影响。随着相关技术的不断发展，尤其是 5G 技术的应用，计算机信息化技术将发挥更加积极的作用。但同时计算机信息化技术也存在一定的安全风险，必须要加强风险防控措施，确保计算机信息化技术的有效应用。基于此，本节对新时代计算机信息化技术风险防控的相关内容进行了简单分析。

计算机信息化技术的应用能够对资源进行合理、高效的配置，全面提高生产和管理效率，使得各个领域的经济效益明显增加。同时计算机信息化技术的应用还为教育创新、管理方式优化等提供了有力的支持。对于计算机信息化技术的安全风险问题，必须要从多个方面采取措施进行防控，保障计算机信息化技术的综合效能达到最优。

一、新时代计算机信息化技术的主要安全风险问题

目前计算机信息化技术在应用过程中的安全风险问题主要有以下几个方面。一是外来入侵风险。由于计算机信息化技术是基于信息网络进行数据通信和信息共享的，因此不可避免地会受到黑客和计算机病毒的恶意攻击，这种外来入侵风险是基于计算机技术和网络技术的专业攻击，具有一定的技术性和针对性，是计算机信息化技术安全风险防控的重点。二是网站安全管理技术落后。计算机信息化技术在应用过程中需要采用相应的专业的信息安全管理技术保障信息和数据的安全，如果安全技术缺失或者落后，会严重影响计算机信息化技术的重要应用安全，出现信息泄露、恶意篡改等问题，同时也是计算机信息化技术安全风险防控的关键问题。三是人为因素的影响。这主要是指没有按照计算机信息化技术的应用规范进行操作，或者是主观安全风险防控意识不强造成的安全风险问题，是必须要解决的重要问题。

二、新时代计算机信息化技术安全风险防控的对策和措施

结合计算机信息化技术的应用实际，建议从以下几个方面采取措施，解决计算机信息化技术的安全风险问题，强化计算机信息化技术安全风险防控。

（一）强化计算机信息化技术的安全管理

面对随时可能发生的外来入侵安全威胁，要通过加强安全管理来应对，具体地说，要做好以下几个方面的工作。一是对加强计算机信息化技术管理与信息安全管理，制定相应的应急处理预案，一旦出现问题能够及时采取措施进行解决。二是设置计算机信息化技术应用的安全防护软件，使用计算机安全保护系统，加强网络平台的安全防护。三是加大对网站安全的检测力度，及时更新计算机安全防护软件，对于发现的系统安全漏洞要进行及时的处理，对计算机信息化技术应用体系进行定期杀毒，为计算机信息化技术的应用创造安全的环境。例如在网站修复管理方面，购买正规渠道的杀毒软件，将其安装到计算机上并进行定期的维护、升级，在保障计算机软件良好杀毒性能的基础上提高计算机信息化技术应用的安全。

（二）构建风险预警管理系统

构建风险预警管理系统是计算机信息化技术安全风险防控的重要措施，在计算机信息化技术应用的基础上构建相应的预警系统，对外来风险进行预警。例如在电子商务领域中，当电商交易双方在交易过程中受到病毒攻击可能出现信息泄露或者影响交易行为的时候，预警系统就能够向交易双方发出警示，提醒交易者更加谨慎地进行交易。同时预警系统还具备病毒清理和漏洞修补的功能，能够对计算机信息化技术应用环境进行净化，保证计算机信息化技术发挥积极作用。

（三）做好安全规划工作

计算机信息化技术已经在各行各业中得到了广泛的应用，为了保障技术应用安全，除了要做好安全管理和风险预警之外，更重要的是要根据计算机信息化技术应用的实际，提前做好风险评估，落实安全规划。例如计算机信息化技术在企业管理中的应用，要结合企业的发展管理目标和经营计划制定计算机信息化技术的安全管理方案，包括提

高企业员工的技术应用安全意识、规范企业员工的信息化技术操作等，避免因人为操作失误导致计算机信息化技术安全风险。在针对机密信息的管理中，要规定操作者的范围，明确管理者的权限，并且通过动态密码和身份验证双重管理方式来保证机密信息和数据的安全。另外，还要针对禁止浏览垃圾网站、避免泄露个人信息等进行相应的规定，全面做好安全规划工作。

（四）加大风险防控投入力度

加大计算机信息化技术风险防控工作投入是有效的风险防控措施之一。一方面，要加大资金投入，引进高质量、先进的硬件设施设备，购买安全软件、杀毒软件，为计算机安装防火墙。同时还要对内部信息化管理软件进行定期的升级和更新，多个角度保障软件的使用安全。另一方面，要加大人力投入，健全计算机信息化技术安全应用培训，同时引进专业的计算机技术人才，为计算机信息化技术安全应用构建良好的人力保障。

为了保障计算机信息化技术在各领域发展方面发挥积极作用，必须要做好风险防控工作，加强安全管理，构建风险预警系统，做好安全规划，加大投入力度，不断优化计算机信息化技术的应用环境，保证计算机信息化技术安全。

第二节　计算机信息化技术应用及发展前景

计算机信息化技术包括通信技术、互联网、数据库等，它广泛应用于社会生活的各个方面，为人类的生活带来了极大的便利。随着时代的不断进步，我国的计算机技术也得到了全面的发展，人们的生活发展都依赖着计算机信息化技术，发展计算机信息化技术并探索其发展前景对推动社会进步意义深远。本节就计算机信息化技术在社会上各个方面的应用，以及在未来发展前景两个方面做出简要的探讨。

一、计算机信息化技术的发展现况

（一）与社会经济发展相得益彰

计算机信息化技术的发展一定程度上取决于社会经济的发展，他们之间的关系是密不可分的。由于社会经济的不断发展，人们对于计算机信息化技术的要求也在不断地提高。这在一定程度上将计算机信息化技术与经济发展相结合，例如计算机信息化的数据处理技术和运算能力的不断提高，对我国经济的快速发展起着不可估量的重要作用。当今社会，只有不断提高经济的发展水平，才能推动社会的进步，才能将先进的技术从国外引入进来，并加以研究与开发。

（二）计算机信息化技术应用不平衡

由于受地区经济发展水平的限制，对于使用计算机信息化技术各地区存在着很大的不平衡性，发达地区因为经济发展水平高，将计算机信息化技术应用于企业发展的机会就相对较大，对于企业的发展也好。相反的，地区因为经济发展的落后，很多企业在很大程度上不能够引入计算机信息化技术应用在企业发展中，企业的发展前景也就相对较差。因此，发展计算机信息化技术，要国家统筹地区发展，缩小差距，才能够将计算机信息化技术广泛应用于各个地区，共同推进社会的经济发展和进步。

二、计算机信息化技术的应用

（一）在企业的应用

在企业工作上运用计算机信息化技术主要是想通过计算机呈现出的市场信息把握市场动态，进而抓住企业发展的机会，使企业在激烈的市场竞争中处于不败之地。例如，计算机信息化技术可以在保护用户数据和信息安全的前提下，通过精准无误的把握客户的特点将重要的客户信息带给企业。再者，企业也可以通过计算机视频信息化处理技术进行开展视频会议而解决受地域限制难以进行随时随地的交流和讨论的困难，它不仅大大提高了企业员工的工作效率，也促进了企业的发展。

（二）在教育方面的应用

计算机信息化技术在教育方面也得到了广泛的应用，并对教育的发展起着尤为重要的作用。对任课老师而言，他们可以利用计算机信息化技术进行多媒体网上教学，这样不仅节省了老师上课板书的时间，而且可以通过图片展示、视频放映的方式丰富课堂教学模式，进而提高课堂效率。就学生而言，学生可以在学习过程中通过互联网进行网上资料查阅，学生们也可以下载各种各样的学习软件进行多方面的学习，不断提高自己的阅历，丰富知识。计算机信息化技术的应用，对平衡教育资源的分布也起着不可或缺的重要作用，比如在偏远的落后地区，由于经济受限，孩子们受教育受阻，都可以通过网上学习来达到受教育的目的。

三、计算机信息化技术的未来发展趋势

（一）走向网络化

随着计算机的不断普及，计算机信息化技术在不断地进步与发展，全民上网已成了一个必然的社会发展趋势，未来社会人们将普遍生活在一个网络圈中。与此同时，互联网经济的出现与发展也得益于计算机信息化技术的应用与发展。以往的实体经济在互联网经济的竞争下逐渐走下坡路。现如今，线上经济在人民的生活中占据着重要的位置，人们越来越习惯于线上购物，在日益繁忙的当今社会，人们为了节省时间，足不出户就能买到自己的心仪物品何尝不是一件既方便又省时的事情。

（二）走向智能化

如今的时代是一个智能化时代，智能化时代的出现离不开计算机信息化技术的发展。计算机的发展带动着科技的不断进步，科技的进步为智能时代的到来起着奠基性的作用。随着智能手机的普及，人们可以实现一机在手，说走就走的愿望。近年来，人工智能专业也在南京大学首次开设，这是用实际行动证明我们的智能时代真的到来了。尽管智能手机发展如此迅速，计算机信息化技术不会落后于社会发展的潮流，它也会朝着智能化不断迈进，在未来社会发展中，计算机智能信息化技术也占据着一席之地，为人类的进步贡献出自己的一份力量。

（三）走向服务化

任何科技的发展都以服务于人类社会为主要目的。计算机信息化技术在未来走向服务化也是它不断发展的一个趋势。机器人的研究与发展就是借助计算机信息化技术，他们通过向机器人的大脑中输入数据，并通过计算机在后台进行控制，使其能够像正常人类一样从事工作，服务于社会。而在未来，随着人类的工作逐渐由机器人替代，我们将走向更加高端的并且机器人无可取代的职业。计算机信息化技术的发展将会制造更加利于服务于社会的机器人来代替人类从事劳动。

计算机信息化技术在社会生活的各个方面都得到了广泛的应用，它的发展前景是非常乐观的。而且，随着社会的不断发展，计算机信息化技术也会逐渐地完善，它在推动经济发展，社会进步发挥着越来越重要的作用，无论是在生活中，还是在工作学习中，我们都离不开计算机信息化这一技术的发展。未来社会，随着智能化的不断推进，我们越来越依赖于计算机信息化技术的应用与研究，它能够指引着社会的发展方向，推动着社会的进步。

第三节　计算机信息技术中虚拟化技术

介绍计算机虚拟化的技术原理和工作模式，如桥接模式、转换网络地址模式、主机模式。分析虚拟化技术的实际应用、计算机虚拟技术现状与不足，探讨虚拟技术应用能力的提高，以期凸显虚拟技术的价值，满足社会大众需求，更好地促进社会的进步与发展。

计算机技术是信息领域的重要工具，是信息产业发展的重要组成部分，在社会与经济发展中起到举足轻重的作用。计算机是人们生活和工作的重要工具，在社会的各个领域都普遍应用。人们的生产和生活离不开计算机的运用，信息技术的不断更新与发展，为人类社会的进步和生活效率的提高做出了重要贡献。在日益激烈的竞争中，计算机技术在不断地升级与更新，人们通过信息网络的使用能够不断提高工作效率，因此，计算机技术的应用也是在不断地遵循和掌握市场的趋势来发展的。我们能够及时掌握新的信息技术与原理，会更有利于开展工作。

一、计算机虚拟化技术原理

虚拟化技术的应用需要计算机技术的支持。计算机技术对于虚拟化技术的支持力度是有差异性的，要经过验证系统的管理程序，确保计算机系统的管理程序对虚拟化技术支持的吻合度，才能够确定机器对于虚拟化技术应用的支持。系统管理程序包括操作系统和平台硬件，如果系统管理程序具备操作系统的作用，也可以成为主机操作系统。虚拟机是指客户操作系统，虚拟机之间是相互隔离的，并非所有的机器硬件都支持虚拟化技术，会因产生不同含义的指令而导致不同的结果。同时，在执行系统管理程序时，需要设定一个可用范围来保护该系统，这是针对虚拟化技术采用的措施和方案，还要进行扫描执行代码，以确保执行系统的正确性。

二、计算机虚拟化的工作模式

（一）桥接模式

在一个局域网的虚拟服务器中建立相应的虚拟软件，不同的网络服务应用于所在的局域网中，为用户带来了很大的便利。将虚拟系统相当于主机进行工作，连接不同的设备，在信息网络中存在不同的计算机。同时，分配好网络地址、网关以及子网掩码，其分配模式与实际使用中的装备相类似。

（二）转换网络地址模式

有效利用网络地址转换方式，能够在不需要手工配置的情况下对互联网进行相应的访问。这种模式的主要优势是：在不需要其他配置的情况下，比较容易接入互联网，只需确保宿主机进行正常访问互联网就可以。宿主机与路由器具有相同的作用，进行网络连接，有效运用路由器是十分简便的方式，而虚拟系统等同于现实生活中的一部计算机，获得网络参数的途径是利用 DHCP。

（三）主机模式

在虚拟与现实需要明确划分的特殊环境里，采用主机模式是必不可少的步骤，这种模式的操作原理是：能够使虚拟系统互访。由于虚拟系统操作与现实系统操作是相互分离的，在这种情况下，虚拟系统无法对互联网进行直接访问。在主机模式中，虚拟系统可以完成与宿主机的互相访问，也称为双绞线的连接。由此可知，在不同的环境和需求下，所采用的操作模式也各有差异，要针对不同模式的不同特征，有效发挥其最大的作用。

三、虚拟化技术的实际应用

计算机网络技术迅速发展，其优势与应用日益突出，在不断发展与进步的同时，计算机虚拟技术的发展也在不断更新与进步。通过公用的网络通道来打开特定的数据通道，以此来配置和分享所有的功能信息与资源。例如，所采用的虚拟化服务器技术，它的主要原理是利用虚拟化软件完成不同系统的共同运行及使用，系统进行选择时不需要再一次启动计算机，由此可以看出，虚拟技术的应用对人们学习与生活的影响意义重大。虚拟技术在维护和修理方面所花费的成本较低，同时，其发展日益多元化，应用范围更广泛，一些学校、医院和较多的企事业单位均在应用虚拟化技术。在一个企业中，采用虚拟网络技术能够在不同科室之间进行分享与交流，给人们的工作带来了更多的便捷。在交流与分享信息时，可控制对虚拟广播中所需数据的流量，而不需要更改网站的运行，只要操作好企业内部的计算机虚拟网络就可以了。由此可见，虚拟化技术促进了系统能力的有效提升，同时，提高了企业的管理水平和工作效率。另外，计算机虚拟拨号技术的有效运用，有效地实现了组网，这种信息技术已广泛地应用在福利彩票的销售中，体现出了强大的作用和价值，能够保持每天 24 小时售票，而且操作简单易懂，这种信息技术打破了传统的工作模式，优化了福彩的销售方式，同时也保证了数据传输的速度。

四、计算机虚拟技术的现状与不足

随着社会的不断发展与进步，计算机网络不断增加数据流量。在人们的实际生活中，服务器的需求量更大。在建设网络过程中，为了确保其发展趋势能够满足社会的需求，网络虚拟技术的应用中出现了不同的品牌与配置技术，会造成设备在运行操作中损耗巨大的功率，从而增加管理成本。另外，服务器资源的利用效率不高，大概为 20%。因此，建设虚拟化技术的前提条件是要提高服务器的利用率，只有这样，才能确保服务器的可靠性，以此带来较高的资源利用率。

五、虚拟技术应用能力的提高

分析计算机技术中虚拟技术发展的主要因素，以此提高其应用能力，通过详细地了解虚拟技术后，再认真分析，并采取以下的相应措施。第一，要构建好虚拟技术的开发环境，深刻理解与认知现阶段信息技术的先进理念，构建一个适合于虚拟技术有效应用的环境，确保其具备良好的发展空间，这是计算机虚拟技术进步的关键。第二，有效提高系统的安全性。安全性的有效保证会受到更多人的支持与青睐，因此，全面考虑按时消除计算机技术在虚拟技术应用中存在的安全隐患，确保其具有较强的安全性，为用户提供安全保障。第三，整合资源，在品牌和配置不统一的情况下，设备的损耗会加大。因此，完善与统一品牌的配置，才能够控制和降低成本，推动虚拟技术更好地发展。

通过详细阐述计算机虚拟技术原理、工作模式和其运行方式以及分析计算机虚拟技术存在的不足与现状，不断分析原因，在更新与发展中创新思路，为满足社会大众的需求，有效发挥其最大的价值。社会的进步与发展使虚拟技术的发展与价值日益凸显，对社会发展具有重要的作用和意义，更多地服务于人们，促进社会更好地发展。

第四节 计算机信息技术的自动化改造

传统办公的模式在当下已经不能满足人们对办公处理的需求，正逐渐退出历史舞台，以计算机为主要载体的自动化办公开始得到普及。相较传统的办公模式，自动化办公是一种全新的办公处理方式，利用计算机为主体的先进的技术设备，极大提高了办公工作效率；在信息交流方面，办公自动化打破了传统封闭的模式，以一种开放的形式出现在大众面前，实现了信息的全面共享，一定程度上提高了办公处理能力。

科技的发展不仅给人们的生活带来变化，受其影响，日常的办公中也处处体现着新的科技带来的便捷。近十年以来，随着计算机的普及和互联网的发展，人们的办公形式已经由传统的纸质传输转向了自动化处理，这样的革新为提高工作效率，提升办公的准确性发挥了重要作用。

一、计算机信息处理技术在办公自动化上的应用分析

（一）Wed2.0技术在办公自动化中的应用

网络技术快速发展，现代办公更加注重自动化方式，重视效率化提升，因此各种计算机信息处理技术也不断被应用于办公自动化上。Wed2.0技术为计算机信息处理技术，在实际应用中，Wed2.0技术却不是一种简单的App，在这个平台上，Wed2.0技术可为各行各业工作者提供不同服务，除外，Wed2.0还可以进行服务链接，更好地为用户提供全面综合服务，使人们更加方便快捷开展工作。用户利用Wed2.0技术建立的交流平台，能有效加强企业或客户沟通，消除距离障碍，增强沟通效果，提升办公效率。

Wed2.0 平台还具备较强的互动性能，能一一满足用户各种复杂要求，有助于用户办公效率提升。

（二）B/S 型结构在办公自动化中的应用

我国网络技术得到了很快的发展，相应各种信息处理技术也不断发展，B/S 型结构作为当前信息处理技术的一种，是基于三层体系结构的 C/S 型结构构成的。B/S 型结构第一层体系为接口，该体系利用相应程序，实现与浏览器的连接，从而完成上网作用。B/S 型结构第二层体系是 Wed 服务器，通过第一层服务请求，Wed 服务器通过接收信息后作相应回复，然后将回复结果通过 HTML 代码形式回馈给用户。B/S 型结构第三层体系是数据库服务器，用户可通过数据库随时提取和保存数据，工作过程中数据库与Wed 服务协同，负责协调不同服务器上所传递指令，并处理这些指令。通过 B/S 型结构帮助，用户实现浏览相关网页办公，浏览器发出请求，由服务器再处理用户请求，处理完毕后将相关信息反馈到浏览器。加强 B/S 型结构在办公自动化上应用，运行和维护都简单，能提供给不同用户，用户可随时随地操作和访问。当用户需要转换和处理信息时，需要在 B/S 型结构上再安装一个服务器和数据库，这样就能在局域网和广域网之间来回转变。另外，B/S 型结构对于办公设备要求不高，有利于新技术推广和应用。

二、计算机信息技术的自动化改造技术要点

（一）文字处理技术的应用

文字从产生以来就经历了漫长的发展过程，伴随文字的产生，对文字的处理也经历了很长一段时间的发展，从最初的手写发展到雕版印刷，再到现在的依靠计算机技术处理文字。运用计算机对文字进行编辑处理，极大方便了人们的生产生活，长期以来对文字技术的发展形成了一套运用计算机编辑处理文字的现代办公系统。在现代办公系统中，对中文字处理是基础内容和必备的技术要求。利用二级办公，即 WPS、WORD 等软件进行文字处理时，能够实现文字录入编辑、排版设置的美观与大方。此外，除了这些软件，单单就文字"域"方面，就给我们带来了惊人的便利，更何况还有一些新推出的功能，不得不承认，信息技术的应用彻底颠覆了传统办公的模式，信息处理自动化正以一种新的姿态不断走进人们的生活中。

（二）在办公智能化上的发展

随着科学技术的发展，智能化发展也是当前计算机信息处理技术应用发展的方向之一，经济的快速发展，我国大小企业不断涌现，行业的增多，使得各类办公业务也越来越繁杂，为更好地简化办公过程，提高办公效率，加强构建智能化办公平台也成为办公自动化重要研究和发展方向。计算机技术人员通过建立相关服务平台，来完善办公流程，使得办公效率大大地提升，同时节省了办公成本，更好地保证办公质量。如针对不同企业、不同事业单位，都会有不同办公软件，所以企事业在选择办公软件时可以结合自身企业办公实际情况，选择恰当的办公软件，以更好地实现办公智能化和智能管理化。总之，要加快实现办公自动化，就要加强当前计算机信息处理技术发展，加快信息传递、处理效率，进而提高办公效率，保证办公质量。所以，作为计算机技术人员，担负着计算机信息处理技术开发研究的重任，要进一步研发高新技术，更好地为办公自动化提供技术保障。

（三）视频技术广泛应用

目前，信息技术的发展方向是视频技术，其主要是通过计算机技术压缩数据，然后通过可视化技术进行处理，这种技术被广泛应用在了各行各业的日常办公中。除此之外，不同地方的人员也可以通过摄像头开展视频会议，不同地方的人员可以毫无障碍地观察到各自的画面，还能够通过语言表达自己对会议的看法，大大提高了工作的效率。随着无线网络的发展，无线视频技术在未来会广泛应用在办公自动化中，这样提高了企业的办公效率，极大减少了工作人员在交通中所需要的时间，使得工作人员随时随地都可以参加相关的会议，这种视频技术是一种发展趋势。

计算机信息技术发展的前景非常广阔，随着计算机软件硬件的不管完善与发展，计算机是人们生活中必不可少的物品，从根本上改变了人们的生活面貌。办公室自动化，为企业的发展以及企业的管理提供了强大的技术支持。计算机应用到物流行业中，节约了物流运输的时间，降低了物流成本。计算机在人们的休闲时间也得到了广泛的应用，人们闲暇时间通过网络游戏来放松。总之，计算机是人们工作生活的必需品，随着经济的发展而发展，进步而进步。

第五节　信息化时代计算机网络安全防护

经济社会的发展推动了计算机网络技术的进步，在信息化时代的大背景下，计算机网络被广泛应用于日常生活与工作中，事业单位也已经大规模地采用计算机网络技术，为了保证事业单位计算机网络的安全，进行计算机网络安全防护技术的探讨极为必要。本节首先说明了信息化时代计算机网络安全的主要影响因素，然后分析了信息化时代计算机网络存在的主要安全问题，最后提出了信息化时代计算机网络安全维护的策略，希望可以为信息化时代计算机网络的安全防护提供有效参考。

事业单位在办公以及管理方面对计算机网络的大规模应用，有效提高了事业单位员工的工作效率，也为信息共享、信息保存等提供了诸多便利，但是任何事物都具有两面性，计算机网络的安全防护也成为事业单位急需解决的一个重难点。事业单位在工作过程中，会在电脑中保存大量的机密文件以及数据，一旦计算机网络出现安全问题，造成数据丢失或者泄露，将对事业单位的发展造成极其不利的影响，因此，事业单位要加强对计算机网络安全的管理与防护，充分发挥计算机网络的优势，最大限度地避免网络安全问题的发生。

一、信息化时代计算机网络安全的主要影响因素

（一）网络具有开放性

计算机网络的本质是指将不同地理位置的计算机以及计算机外部设备通过信息线路进行有效连接，在网络的协助下，实现网络信息资源的共享以及传递，因此，开放性是计算机网络的基本特性。作为一个开放平台，计算机网络对用户的使用限制较小，这虽然促进了计算机的发展、信息交流、拓宽了计算机网络的应用领域，但是也带来了一系列的问题，例如降低了信息的保密性，给一些恶意软件、病毒等可乘之机，导致计算机网络面临着较大的安全挑战。

（二）相关操作系统存在漏洞

目前事业单位使用的软件与硬件一般是与普通用户相同的，并没有经过专门的开发

或者调整，但是事业单位计算机中的资料与数据与一般用户的资料、信息等保密性不同，普通操作系统中存在的一些安全问题会严重影响事业单位计算机的安全性能。此外，事业单位的计算机形成一个大的计算机网络，一旦一台计算机由于操作系统漏洞受到病毒等的侵入，很快就会传染事业单位所有的计算机。即使在计算机上安装了病毒查杀软件，一般软件不具有针对性，也只能在安全防护方面起到较小的作用。

（三）计算机网络硬件设备性能

研究计算机网络的安全防护首先要进行优化的就是计算机的硬件设备，计算机的硬件设备性能直接决定了计算机可以完成的工作，以及可以安装的软件类型与数量，但是目前事业单位使用的计算机硬件设备性能并不强，一般事业单位给员工配备的个人计算机是市面上较为普通的计算机类型，在运行内存、计算器、中央处理器等硬件设备上都不达标，不仅不能很好地完成日常工作，对计算机的安全性能也有着很大的影响。

二、信息化时代计算机网络存在的主要安全问题

（一）恶意软件的安装

市面上常见的计算机安全防护软件实际上对计算机病毒、黑客等恶意攻击的抵挡性较弱，面对稍微复杂的网络环境，这些软件就会失去其使用价值，给一些恶意软件留有侵入计算机的机会。恶意软件是指未经过用户允许而自行在计算机安装的软件或者携带侵入病毒的非正规软件，其中包含一部分的盗版软件。这些软件自身就是为了侵入计算机系统而存在的，虽然一些不会对计算机造成直接的伤害，但本身也是一种漏洞，给计算机网络造成较大的安全威胁，此外，还有一部分软件则会直接对计算机环境造成破坏。

（二）网络运行维护水平有待提高

网络运行维护是影响网络安全性能的重要方面，虽然一些安全防护软件对计算机网络的防护效果有限，但是在计算机安装基础的防护软件也是必要的。网络运行维护要进行的主要工作就是，确保网络安全防护软件的安装，并对网络安全进行实时监测。但是很多工作人员由于对网络运行维护不了解，可能会随手关闭一些网络安全防护软件，导

致计算机不在安全防护软件的监测与防护范围之内，或者在网络安全防护软件提醒计算机网络安全受到威胁时直接将其忽视，导致计算机网络安全问题没能得到及时的处理而造成更大的损失。

(三) 管理人员的网络安全意识不足

事业单位的网络安全管理意识明显不足。首先，事业单位缺乏专门的网络安全管理人员，工作人员各自负责自己计算机的安全性；其次，工作人员对安全管理意识淡薄，单位不进行专门的计算机网络安全培训，工作人员也不重视计算机网络的安全性，只是进行平时基本的业务操作；再次，事业单位配备的计算机维修人员责任感不强，只在计算机出现故障时进行维修，而不注重计算机日常的安全维护；最后，事业单位缺乏针对性的计算机网络安全维护与使用规则，导致在计算机出现安全问题时也无法可依，无章可循。以上几方面都对事业单位计算机网络安全带来了较大的威胁。

(四) 计算机网络运行中的非法操作

事业单位在日常使用计算机的过程中有许多不当操作，由于没有进行专业的培训也没有专门的规章制度进行约束，导致这些非法操作不能得到更正，而一直存在与事业单位使用计算机的过程中。例如，U盘在不同的计算机之间随便插拔，不仅造成了计算机网络的不稳定性，也会在不同计算机之间传播网络病毒。也有员工在非正规网站下载软件或者资源，导致计算机网络被病毒入侵而无法正常使用。因此，单位应该培养员工基本的安全操作规范，提高事业单位的网络安全意识与操作规范意识，避免内部人员由于人为因素造成计算机网络的安全问题。

三、信息化时代计算机网络安全维护的策略

(一) 提升计算机系统的软硬件性能

面对计算机网络的开放性，事业单位能够进行的安全防护主要是提高软硬件的安全性能。在计算机硬件设备的选择上，首先要选择能够满足事业单位业务操作性能的硬件设备；其次，在成本控制的范围内尽可能提升计算机硬件设备的安全性，成本控制也要

合理，不能将成本预算压制在极低的范围内；最后，要保证硬件配合的合理性，硬件设备在安全性能上相近，只有某一个设备的安全性能极高，对计算机网络的安全防护也是没有意义的。在计算机软件的选择上，首先要注意在正规渠道进行软件的下载，不能下载安装盗版软件给计算机网络带来安全漏洞；其次要重视安全防护软件的选择，保证安全防护软件能够达到事业单位需要的标准，例如防火墙设置，一些基础杀毒软件的安装都是必不可少的；最后软件的安装要与计算机硬件设备相配合，在硬件设备配置较低的计算机上安装极为高级的安全防护软件也是不能发挥软件作用的。

（二）制定严格的操作规范流程

由于计算机使用的人数固定，以及每台计算机的用途相对单一，在事业单位内部计算机的用途也只分为几个大类，因此事业单位计算机操作规范流程的制定是相对容易的。主要针对以下几个方面进行操作规范流程的制定。第一，不得在计算机上随意进行软件的下载，要保证下载软件的安全性；第二，一些没有经过安全检测的U盘等设备不得接入单位计算机插口；第三，定期对计算机进行安全检测，争取及时发现计算机的安全问题，降低计算机的损失；第四，信息调取时保证计算机处于安全与稳定的环境中，信息保存要进行备份，避免重要数据的丢失。将以上操作规范落到实处，可以为计算机提供有效的安全防护。

（三）定期进行网络安全检查

计算机网络的变化性很强，更新也很快，因此定期地进行网络安全检查必不可少。首先要定期检查网络是否存在安全隐患以及是否存在明显的安全漏洞，如果存在要及时地找专业人员进行维护与处理；其次，定期检查病毒查杀软件的更新情况，保证及时的安装最新版病毒查杀软件；最后，确保事业单位信息加密的先进性，严格限制数据访问者的身份。

（四）加强事业单位内部网络安全教育

计算机网络安全的威胁一部分是由于外部因素，另一部分来自内部因素，加强事业单位内部网络安全教育必不可少。定期开展计算机网络安全培训，提高内部人员对计算机网络安全的重视程度，加强工作人员的计算机网络安全意识，让工作人员对计算机网络安全有一个基本的认识。事业单位内部网络安全教育一方面能够提高工作人员对计算机安全问题的警惕性，另一方面也能够加强工作人员对计算机安全防护的主动性，是避免计算机网络安全问题的重要手段。

结语：计算机网络是一个复杂的系统，其既具有强大的功能，也具有许多的安全隐患，任何对计算机网络加以运用的单位都不能忽视计算机网络安全的防护与管理，在计算机网络引进之前一定要充分考虑计算机的硬件与软件配置等问题，为计算机网络的安全防护奠定基础，在后续使用过程中也要加强管理，定期进行安全检测，依据事业单位的具体需要配置计算机安全防护的软硬件，制定具有针对性的操作规范，充分发挥计算机网络的作用，为事业单位的发展提供助力。

第六节　计算机科学与技术的发展与信息化

随着计算机科学与技术的不断发展，各行各业对计算机技术的运用也越来越广泛，对于计算机的依赖也越来越大。计算机技术的不断发展，有效推动了我国的信息化进程，提高了各企业的经营效率，对教育行业也是大有裨益。信息化的普及应用有效推动了计算机科学与技术的不断发展。本节对计算机科学与技术的发展与信息化的联系进行探讨并提出一些合理化建议。

目前，我国计算机科学与技术的发展已经到了一定的高度，并且已经取得了十分重要的成就。计算机科学与技术的发展推动了我国社会经济的发展，对我国的经济发展做出了重大贡献。同时，计算机科学与技术的发展也推动了各行业信息化的进程，推动了相关企业经营效率的提高，对于教育行业的进步也是起到了重要的作用。加强对计算机科学与技术的发展与信息化联系的研究，可以帮助计算机科学与技术的发展与信息化进步达到一种平衡，推动两者之间的发展更加合理化。

一、计算机科学与技术的发展目前存在的问题

计算机科学与技术的发展总体上对于我国的经济发展是具有十分重要的推动作用的，计算机科学与技术的进步带动了各行各业的快速发展。但是，相应的也有一些问题随之产生，比如人才的培养跟不上时代的发展速度、软件行业竞争激烈导致产品更迭加快、企业之间紧密联系风险加大等，这些问题的出现都是计算机科学与技术发展中的重

要问题。为更好地研究计算机科学与技术的发展与信息化之间的联系，下面对目前计算机科学与技术的发展存在的几个问题进行简单探讨。

（一）人才的培养跟不上计算机科学技术的发展速度

计算机科学技术的发展需要人才，信息化的发展同样也需要人才。在计算机科学技术的不断发展的浪潮之下，人才的跟进是十分必要的。但是由于近几年计算机科学技术的发展速度过快，教育对相关人才的培养无法赶上计算机技术的发展进步，导致专业人才跟不上社会发展的需要，企业还需要对员工进行再教育。既浪费了企业的人力资源成本，又降低了企业的经营效率。因而，人才的培养跟不上计算机科学技术发展的速度是目前的重要问题。

（二）软件行业竞争激烈

计算机科学技术的发展以及信息化的普及，使得各企业对信息化的需求逐步加大。相应的软件行业也竞相发展起来，导致信息化行业竞争激烈，产品的更新迭代加快，浪费了大量的人力、物力、财力资源，但是带来的价值却无法弥补消耗。因而软件行业的激烈竞争为计算机技术发展带来动力的同时，也带来了一定的资源浪费。

（三）行业之间联系紧密、风险加大

随着行业之间的联系愈加紧密，对应的风险也就不断加大，比如 2008 年的金融危机，牵一发而动全身。这也是科技发展与信息化发展带来的重要问题，需要在这方面加强研究，推动相关有效措施的实施。

二、计算机科学与技术的发展与信息化的联系研究

（一）计算机科学与技术的发展推动了信息化的不断发展

计算机科学与技术的发展，推动了企业的发展进步。企业为跟上时代的发展步伐，顺应计算机科学技术发展趋势，推动企业的经营效益的提高，从而在信息化的采用上花费成本。因而，可以说计算机科学与技术的发展推动了信息化的不断发展。

（二）信息化的发展推动计算机科学与技术的不断发展与进步

各行各业对信息化的不断利用，导致了企业对经营效益的要求越来越高，对生产效率、经营管理的要求不断增强，从而对信息化要求的高度越来越高。为顺应时代发展进步的不同需要，相应的计算机技术也需要不断地发展以满足各行业的信息化需求。

（三）计算机科学与技术的发展与信息化相辅相成、相互促进

计算机科学与技术的发展与信息化之间总体而言是相辅相成、相互促进的关系，计算机科学与技术的发展推动了信息化的发展，信息化的普及应用也有助于计算机科学技术的发展进步，从而更好地为社会发展服务。

三、计算机科学与技术的发展推动信息化发展的策略

（一）加强对计算机科学与技术的专业性、实践型人才培养

计算机科学与技术的发展需要大量的人才推动与经营，为满足现在的计算机人才需求，相关教育行业需要加大对计算机科学与技术的人才的培养力度，突破理论上培养的局限性，更多地进行实践培养，锻炼人才的实践技能，可以进行校企合作的模式，推动计算机科学与技术的人才的培养。

（二）推动软件行业进行有序竞争

软件行业的激烈竞争会导致资源的大量浪费，还会导致市场竞争无序状态的现象的发生，对于经济的发展会形成一种阻碍。因而，相关部门应当建立相关的制度，来约束信息化行业的竞争，推动信息化行业竞争的合理化、有序化。要对软件行业的某些商业行为进行约束和监管，推动流程的程序化、规范化。

（三）加强互联网技术的安全防范

互联网的安全问题对各个国家、对各企业都至关重要。计算机科学与技术的发展，推动了世界经济的互联互通，推动了各单位、企业之间的紧密联系。因而，在计算机科学与技术的发展进程中，要不断加强互联网技术的安全防范，加强对网络的安全管理，

比如出台相关的网络安全监管政策、各企业对网络安全程序的安装等，从而在一定程度上保护信息安全。

计算机科学与技术的发展与信息化之间紧密相连，两者之间相互推动。计算机科学与技术的发展带动了信息化的发展，信息化的发展与普及又反过来推动计算机科学技术的发展。对目前计算机科学与技术的发展的一些问题的解决，可以更好地推动计算机科学技术的发展，并使得计算机科学技术更好地为人们服务，为世界经济发展服务，推动计算机科学与技术的发展与信息化的发展更加合理化。

第三章　计算机软件的测试技术

第一节　嵌入式计算机软件测试关键技术

随着我国社会经济和科学技术的飞速发展，计算机科学技术处于蓬勃兴盛的时期，这也带动了嵌入式计算机软件测试系统的结构和软件架构更加先进复杂，其核心技术更是带动行业发展的重要力量，软件运行的可靠性和使用度得到了各行各业的重视。本节通过对嵌入式计算机软件测试系统的意义进行讨论，研究嵌入式计算机软件测试中的关键技术，来提升嵌入式计算机软件测试的质量与水平，为进一步发展软件测试技术提供发展方向和技术革新的探索角度。

近年来人们对计算机科学技术的需求不断上升，同时行业对软件测试系统的质量和性能的要求也不断提高，这就要求嵌入式计算机软件测试技术不断进行创造和革新，以适应行业日益增长的高要求和高需求。嵌入式软件测试系统的重点在于检测软件质量。嵌入式计算机软件测试技术的应用范围越来越广，系统也变得越发复杂，这就要求人们必须加强对嵌入式计算机软件测试系统的开发，以适应社会发展。

一、嵌入式计算机软件测试系统的基本概述

嵌入式计算机一般是将宿主计算机和目标计算机相连接，宿主计算机是通用平台，目标计算机则是具有给嵌入式计算机系统提供运行平台的作用，两者之间进行相互作用，共同工作，确保系统可以正常平稳运行。其工作的基础就是利用计算机进行软件的编译和处理，目标机再把编译好的软件进行下载，进而发挥出数据传输以及软件运行的基本功能。

由于嵌入式系统的自身特点，例如与宿主相匹配，嵌入式计算机作宿主的组成部分，须在体积、重量、形状等方面满足宿主的要求；模块化设计，采用商用现货，并且

可以相互使用、重复使用的硬件和软件，大大降低了成本。伴随着嵌入式计算机软件的适用范围不断扩大，不断提高软件的复杂程度，软件的测试难度也随之提升，在测试中需不断地切换宿主机和目标机。此外由于目标机需要大量时间与资金，而宿主机则不需要考虑到这些尤其是成本问题，科研人员正尝试将测试的方法进行改变，争取使测试只借助宿主机就能完成，进一步节省人力物力，有利于嵌入式计算机软件测试的全面发展。

二、宿主机的测试技术

首先是静态测试技术，将需要测试的对象放入系统中，对各类数据进行分析，进而追踪源码，进一步确定出依据源码绘制的程序逻辑图和嵌入式计算机系统软件的相应的程序结构。静态测试技术的优点是可以实现各种图形之间的转换，例如框架图、逻辑图、流程图等。这就改善了传统的用人工来进行测试所带来的出错率大、效率低下的问题。静态测试技术在进行工作时，不需要对每台机器进行检测，只要凭借数据就能判断出系统的错误，既方便了操作，更节省了时间。况且随着技术的发展，嵌入式计算机测试软件的复杂，其开发工作不再是工程师可以完成的，并且软件的原始数据是分散的存储在多个计算机系统中，以人工来完成嵌入式计算机软件的测试是不可能的。另一个技术则是动态测试技术。它的测试对象是软件代码，主要功能是检测关于软件代码的执行能力是否达到要求。动态测试技术的优点是可以找出软件中不足，便于有针对性地进行调节。此外还可以检测软件的测试情况，研究其中已经开发完的数据，检测其完整性。同时，动态检测技术可以对软件中的函数进行分析，将每种元素的分配情况根据其内存显示出来。

三、目标机的测试技术

首先是内存分析技术，由于嵌入式计算机存在内存小的问题，因而利用内存分析技术进行检测可以轻易确定其中问题部分。而且由于内存问题，嵌入式计算机软件发生故障的次数较多，进而无法进行二次分布，对数据信息造成影响，使其失去时效性。因此，利用内存分析技术可以检测内存分布的情况，找出错误的原因，针对其错误进行有目的的改正。一般情况下，对内存进行检测可以利用硬件分析的方法，但这种方式花费高，耗时较长，且易受到环境因素等外在条件的干扰，同时在进行软件分析时也会妨碍计算机的代码与内存的运行。所以在对计算机内存进行研究时，可根据测试的需要，合理选择正确的方法，使得内存分析技术发挥出最好的功效。其次是故障注入技术。嵌入式计算机软件处于运行状态时，可以依靠人工的方式来进行设置，这就要求目标机的各类部件功能有所保障，可以使软件按照设置的时间和方式进行。而利用故障注入技术对目标机进行测试，可以有针对地测试目标机的某个性能，只测试其中一个部分，例如边界测试、强度测试等。采取这个方法不仅降低了计算机软件的使用成本，更是将嵌入式计算机的运行状态清晰的表示出来，方便了操作和观察。

最后一项是性能分析技术，其主要作用是对嵌入式计算机系统软件的性能进行测试，以保证功能的稳定性。嵌入式系统能否正常运行很大程度上取决于程序性能的优异，性能分析技术就可以很好地解决这一问题，它可以对程序的性能进行分析，发现其中存在的问题，找出造成该问题的根源，有针对性地解决问题，减少了查找问题的时间，大大提高了工作效率，进一步加强了嵌入式计算机软件的质量。

综上所述，在计算机技术日益发展的今天，嵌入式计算机软件的适用范围不断扩大，将会应用于方方面面。而这就对其稳定性有了较高的要求，人们要对它进行测试，确保目标机和宿主机可以稳定运行，才能保证嵌入式计算机系统的质量，有助于嵌入式计算机软件测试技术的发展。

第二节　计算机软件测试方法

计算机软件测试与保护技术是确保计算机软件质量的最关键办法。计算机软件测试是增强计算机软件质量的重点所在，同时计算机软件测试技术也是开发电脑软件中最关键的技术手段。探究计算机软件的测试办法，有利于掌控计算机软件测试办法的好坏，通过详细的操作来改良电脑的测试办法，提高电脑测试办法的可行性，进而提升电脑软件的质量。

一直以来，怎样提高软件产品质量都是人们关注的重点问题之一。软件测试是检测软件瑕疵的重要方法和手段，能够将软件潜在的技术缺陷和问题识别出来。出于不同的目的，有着不一样的软件测试办法。

一、计算机软件测试技术的概念

计算机软件测试技术就是让软件在特定环境下运行，并对软件的运行全进程展开详尽的、全方位的观察，并记录测试进程中得出的结果以及产生的问题。等到测试完成后，汇总软件不同层面的性能，最后给出评价。软件的测试类型可以从性能、可靠性、安全性进行划分。遵照软件的用处、性质及测试项目的类型，通过测试计算机软件，可以快速发现与处理软件中存有的问题，使计算机系统更加完备。通过计算机软件测试的定义，可以得出计算机软件测试技术的意义与作用在于将计算机系统中存有的问题全部暴露出来，再针对问题进行科学处理。首先，用户期望能发觉并解决软件中存有的隐藏问题，且软件测试技术与用户的要求相吻合；其次，开发软件的工作人员则期望能通过软件测试技术来证实自己开发的软件是科学合理的，不存有毛病或者隐藏问题造成系统出错的情况。

二、计算机软件测试目的

当前，人们测试计算机软件的定义使用的是 20 世纪 70 年代的计算机软件测试，即所谓的软件测试是执行检查软件所存在的瑕疵和漏洞的过程。这也就表明计算机软件测试的主要目的是检测出计算机软件所存在的瑕疵和漏洞，而不是通过执行计算机软件测试程序证明计算机软件的正确性和高性能。计算机软件测试成功与否的标志主要是看通过测试有没有发现从未发现的错误。由于计算机软件的瑕疵和漏洞会随着时间和其他条件的变化而有所不同，因此在一定程度上我们所说的计算机软件的正确性是相对的，而不是绝对的。

三、软件测试方法

（一）黑盒测试

黑盒测试不针对软件内部逻辑结构内容进行检测，它按照程序使用规范和要求来检测软件功能是否达到说明书介绍的效果。黑盒测试也称功能测试方法，它主要负责测试软件功能是否正常运行。在设计测试用例时，只需考虑软件基本功能即可，无须对其内部逻辑结构进行分析。测试用例必须对软件所有功能进行检测。黑盒测试可以将软件开发过程中漏掉的功能、接口、操作指令等问题检测出来，为程序员改进软件功能提供指导意见。

（二）白盒测试

计算机软件的白盒测试方式又可以称为计算机软件的逻辑驱动测试或者计算机软件的结构功能测试，测试计算机软件的代码和运营路径，以及软件运营进程中的全部路径。计算机软件在白盒测试时，测试人员要先调查计算机软件的总体结构，保证计算机软件的结构是完好的，通过逻辑驱动测试来获取计算机软件的运营速率及路径等相关数据，并加以剖析。在对电脑软件展开白盒测试时，还是存有一定的问题。计算机软件的检测人员要先剖析电脑软件的程序是否吻合标准，白盒测试无法检测出电脑软件程序存有的问题。如果电脑软件程序自身存有毛病，白盒是测试不出的，那么在测定进程中就找不出计算机软件的问题。如果计算机软件产生数据上的错误，那么计算机软件的白盒测试就难以将软件存有的问题测试出来。在测试软件时，还要依靠 J Unit Framework 等软件展开协助测试。

四、提高软件测试效率的方法

（一）尽早测试

在以往的测试中，由于测试时间较晚导致管理者无法快速控制软件开发存有的风险，并且越晚越容易出现问题，最后修改时会增加每一个单位的资金投入。从成本学的层面来讲，控制资金与风险是很有必要的。想要快速处理此问题就要提早检测，早发现早处理。首先我们要边开发边测试，在弄清楚客户的要求后，就要依据要求编制一个完整的软件测试计划，伴随剖析进程完成软件的测试。在开发软件时，测试人员要快速地对软件展开测试，并依据测试结果得出专业化的评测报告。这样，开发人员就可通过检测后的指标来适时调整软件，也使管理者管理起来更容易。其次，要借助迭代的方式来开发软件，将以往软件开发的周期划分为不同的迭代周期。测试人员可以逐个检测每一个迭代周期，这样将系统测试发生的时间提前，同时降低了项目的风险及开发成本。最后，将以往的测试方式改为集中测试、系统测试和验收测试，将整体软件的测试划分为开发员测试与系统测试两个阶段。这样做的优点在于将软件的测试扩展至整个开发人员的工作进程。这样就将测试发生的时间提前，通过这样的测试办法可提早提高软件的测试质量，减少软件的测试资金投入。

（二）连续测试

连续测试的灵感来源于迭代式检测方式。迭代式方式就是将软件划分为不同的小部分来展开检测，这样开发的软件可划分不同的小部分，也相对容易完成目标。在连续检测的进程中也是如此，在开发软件的进程中可将软件划分为每一个小部分来逐一解决。其中这些小部分可划分为需求、设计、编码、集成、检测等一连串的开发行为。这些活动可将一些新功能集中起来。连续检测就是通过不间断检测的迭代方法来完成的，发觉软件中存有的问题，让问题能够快速得到处理，也可让管理者轻松控制软件的质量。

（三）自动化测试

检测整体软件的作用在于尽早测试、连续测试，实际上就是提前检测时间，快速发现问题。这种测试办法是相当繁杂的，要是仅利用人工来展开检测，很浪费人力资源，并且极容易产生错误。所以，智能化检测工具是不可缺少的。智能检测的关键是借助软件测试工具来完善软件测试流程，这个程序对各种检测都适用。

（四）培养人才

在我国软件事业的飞速推动下，一些高端企业将软件的质量监督与维护当作发展的重点，所以拥有一批测试能力强的专项人才，培养一批具备高素养的软件检测人员是我国软件公司发展的当务之急。这些人才可以为软件的开发提供完好的测试程序，使企业可以从容地展开软件的测试与开发。

总而言之，计算机软件测试可提高软件的性能，让计算机软件满足用户的要求，从而给用户提供更优的服务。为了能拥有专业水准高的测试队伍，我国要注重培养软件测试专业人才。

第三节　基于云计算的计算机软件测试技术

现如今，我国是科技发展的大时代，云计算技术的发展对我国现阶段的计算机软件测试技术的发展带来了一定的影响，为了探索基于云计算的计算机软件测试技术发展方向，对基于云计算的计算机软件测试技术的定义与特征进行了分析，并从测试任务与测试用户分类两个不同的方向对基于云计算的计算机软件测试进行了分类，并探索了基于云计算的软件测试的基本架构。

计算机软件测试技术是一种基于前瞻性的计算机使用方法，是一种预防计算机故障的有效方法，能够从根本上降低计算机的故障频率，从而提高计算机使用效率，进而提升用户的工作效率和使用体验。近几年，计算机软件的测试技术处于高速发展期，相继出现了多种测试模式，在实际测试过程中，可以人工创设虚拟环境来模拟现实环境对软件的运行程度进行监测分析，最终达到解决各种软件故障的问题。在进行计算机软件测试的过程中要注意综合运用不同检测方式相结合的方法，才能够对软件的运行进行全方位的评估，只有这样才能确保软件故障无遗漏，计算机运行高效率与高稳定性。

计算机技术中的软件开发技术内容主要包括可信操作系统、程序设计语言、数据库系统、应用可移植性、软件工程、分布式计算与网格计算、Agent 技术、应用系统集成、软件安全等技术。国内经济的发展和互联网、计算机的日趋普及极大地推动了中国软件技术产业的发展。政府也在大力推行国民经济信息化为软件和信息服务业带来极好的发展机遇，这使得国内计算机技术市场高速发展，也造成了国内软件市场方面对软件的需求量急速增加，成为推动软件市场高速发展的主要动力。

一、计算机软件测试方法与应用

（一）计算机软件单元测试方法

（1）必须要对一些编程基本程序进行了解与掌握。（2）需要对软件的设计原理进行充分的理解，再基于程序的编程原理对编码进行研究分析。这个过程需要由专业的软件研究人员进行研究和开发。（3）由于计算机软件单元测试方法过程必须在计算机驱动模块的基础上开展，所以在进行测试之前首先要对计算机的驱动系统进行测试。在实际的操作过程中，就是要通过控制流测试的方式对计算机系统进行排错处理。在确保以上内容的情况下，运用数据对照的方式进行故障排除，最终达到对软件单元以及模块的全面测试。

（二）计算机软件集成测试方法

在进行计算机软件单元测试的基础性测试以后，需要对软件集成系统进行测试，这是一种利用集成测试的方法，对软件的各个单元之间连接方式进行测试，检测单元之间的连接是否正确。如果软件各个元件和模块之间无法建立有效的连接，软件在运行过程中就会出现问题，进而影响计算机的正常工作。因此我们需要在基础层面的更大层面，也就是大区域模块连接的层面上对软件进行故障排查与检测。这就是对软件集成测试的科学内涵。一般情况下，在对软件的大区域模块集成测试的过程中，能够深入了解软件内部各个模块和运算程序是如何进行运算和处理的，能够客观分析软件的运行状况，了解软件工作过程中运行模式是否同意，也能够发现在这个环节上是否存在问题与不足。在实际的检测过程中，对软件的集成测试方式有两种，一种是自上而下的检测，另一种是自下至上的检测方式，无论是哪种检测方式，都需要逐层检查，决不可跨层检测，只有这样才能够保证检测环节的完整性，避免在测试过程中出现遗漏的现象。

（三）计算机软件逻辑驱动测试方法

计算机软件逻辑驱动测试方法在行业内又可以称之为计算机软件的结构功能测试方法和计算机软件白盒测试方法。这种测试方法是针对计算机软件代码进行检测与测试的方式与手段。在实际的检测过程中，检测人员需要对计算机的软件运行过程中的路径进行整体的分析，分别对路径的合理性、路径的可达性和路径的效率性做出科学和系统的分析，同时还要了解计算机在使用软件过程中运行状况并进行系统分析。计算机软件逻辑驱动的测试方法是比前两种测试方法更高层面的检测方式，整个测试过程中必须要对整个运行过程路径有一个综合分析，这就需要我们在测试前期对整个软件逻辑过程进行系统地调研分析，在一个相对完整的结构框架层面上进行检测工作。通过计算机软件逻辑驱动测试我们可以进行软件运行过程中的具体运行速度值，运算路径的详细信息比如路径合理性与通畅性，在获得了这些基础数据之后，再对软件运算过程进行科学评价，针对这个系统做出统一的整理与分析。

（四）计算机软件黑盒测试方法

计算机软件的黑盒测试是一种模式化测试的体现，首先用软件进行等价划分的方法对输入地区进行划分，整个划分过程都采用既定的测试方案系统处理。通过这种方式将软件划分成了几个不相同的子集，每个子集下面的相关元素都是等价的，再通过等价划分的方式对每个子集进行测试。这种方式相对于计算机软件单元测试方法、计算机软件集成测试方法、计算机软件逻辑驱动测试方法都更为便捷，在实施过程中也更为高效。因为每个不同子集下的所有元素都具有一般等价的测试条件，所以测试的过程中只需要在不同子集中选择一个元素进行测试即可。如果在测试的过程中需要对一些类似的特征进行测试，只需要对这些特征相似的元素进行集合划分处理，再进行系统程序完整性测试即可。在实际的操作过程中，也可以对划分的边界值进行测试，这种测试方式通过对测试结果取边界值的原理，对运行过程是否完整进行测试。

二、基于云计算的软件测试架构

与传统的软件测试平台不同，基于云计算的软件测试涉及的内容相对较多，这就必然导致整个平台的架构也异常复杂，现阶段基于云计算的计算机软件测试架构已经逐渐成为一种复杂的软件、硬件以及服务的综合体系。基于云计算的软件测试架构主要分为以下几种不同的类型：（1）YETI 测试云系统架构，该系统是英国约克大学开发的计算机架构，该平台部署于亚马逊所提供的 EC2 云中，同时还可以支持基于 Java 的自动测试；（2）D-Cloud 平台，该平台是日本驻波大学开发的系统，在该系统当中可以完成大规模的分布式测试，同时在该平台当中还内置了虚拟故障插入技术；（3）Cloud9，该平台是瑞士洛桑理工大学基于 IBM 提供的云平台建立的软件测试系统，该系统不仅可以建立在公共云之上运行，同时还能够建立在私有云的基础之上运行。

云计算技术是现阶段信息技术的最新发展趋势，云计算技术对计算机软件测试技术的发展也带来了一定的影响。但是从总体上来看现阶段关于云计算的计算机软件测试发展并不完善，还存在着许多需要进一步解决与完善的问题。本节对基于云计算的计算机软件测试技术进行了简略的介绍，并分析了基于云计算的软件测试基本架构，希望能对现阶段我国的云计算软件测试技术的发展有所帮助。

第四节　多平台的计算机软件测试

首先针对软件测试的概念进行阐述，并在此基础上，就目前进行软件测试的平台进行分析，最后就建立在多平台的计算机软件测试方法进行论述，希望给予从事该行业的相关技术人员提供一定有价值的帮助。

由于计算机互联网技术的不断推广和发展，在社会日常生活当中，针对计算机软件产品的使用早已屡见不鲜。而在用户针对计算机使用的过程当中，都会在计算机内部进行相关应用软件的安装和使用，所以，针对计算机软件的编写成为当下最为热门的职业之一。

一、计算机软件测试概述与过程

软件开发商为了让用户拥有更佳的使用体验，会在软件编写完成后对软件进行测试，其目的是尽可能地降低用户在软件使用过程中存在的不足和缺陷，让用户在使用过程中拥有更佳的体验。理论上越是复杂的软件就会存在越多的错误与漏洞，而开展软件测试的目的在于对可能被发现的漏洞进行修复。而如果软件开发商需要最大程度地对错误与漏洞进行修复，一般情况下就会选择在多个计算机平台当中开展软件的测试，但是因为目前针对软件测试的平台呈现多样性，软件开发商在针对计算机软件进行测试平台选择的过程当中，必须要按照软件的运行特点，选择出合适的测试方式，这样才可以达到最佳的测试效果。

伴随着计算机技术的不断发展与成熟，软件测试这一概念也逐渐被人们所提起，并且在近十年来开始走向科学化的发展。在计算机使用的初期，软件开发人员针对软件程序进行编写时，往往会因为计算机自身性能与用户对软件使用需求的影响，让软件的占用空间尽可能地降到最低，并且所编写的程序也较为简单，所以软件测试这一概念并未进行大范围普及。而到了现在，计算机技术已经日益完善和成熟，并且可以进行储存的数据量也越来越多，执行的任务也变得更加多样化。在这样一种大环境当中，软件的编写人员在开展软件制作时，就会使一些较为复杂的软件中存在许多漏洞。

例如：全球使用用户最多的 Windows 系统，微软公司的技术人员在能力层面上肯定是世界先进水平，但是这些精英人才所制作出来的软件，本身仍旧会存在很多的漏洞，所以用户会发现每隔一段时间之后，微软公司就会针对系统当中存在的漏洞，发布补丁软件，对系统进行全方位的完善。而其他计算机软件也是同样的道理，如在一些计算机应用软件的更新通知中，都会对软件的此次更新进行说明，除了增加了相关的功能之外，该软件还针对系统上个版本之中的那些漏洞进行了修补。

计算机自发明之后已经取得了飞速的发展，对应的技术也变得日益完善。在此当中，针对软件开发是计算机在使用过程中一项重要的环节，因为用户在使用计算机时，是需要对相关软件进行使用的，特别是伴随着互联网技术的逐渐成熟，诸多的计算机软件对于人们的日常工作和生活有着极为重大的意义。但是在对这数以万计的软件使用过程之中，软件自身存在一些较为明显的漏洞，就会给用户的使用造成影响，并对用户的信息安全造成威胁，这样都会让该软件开发企业受到巨大的经济损失。因此，软件编写者为了尽可能地杜绝上述现象的发生，所以在对软件编写完毕以后，往往都会选择一部分使用率较高的系统平台，开展对软件的功能测试。依靠对软件的深入测试，开发人员不但可以将软件的功能性进行最大程度的优化，同时也能提前找出软件在使用过程中存在的不足。而为了将测试效果最大化，软件开发人员往往会选择多个测试平台针对软件开展测试。

所以在世界范围内，针对软件进行测试的最主要特征就是测试平台的多样性，之后还需要针对软件在某个平台展现出的具体特点对软件在该系统运行过程中的相关数据进行调试。

二、软件测试的平台

（一）含义

软件测试平台的诞生，其主要意义就是增强技术人员对软件开始测试的效率。在早期的软件测试之中，技术人员在软件制作完毕以后，会随机选择几组数据输入到软件之中，由此对软件的运行状况进行检查，并以此找到软件在运行过程中出现的漏洞。这种原始的测试方式，对于软件的有效测试率极低，并且很难发现软件在功能使用方面存在的不足，而且无法找到软件当中的逻辑性错误。

而在多平台软件测试出现之后，便很好地解决了上述的问题，软件开发人员会将软件的运行流程分成若干个环节，并在不同的平台当中，逐一对各个环节开展测试工作，这样的测试方式在极大程度上提升了测试人员对于软件的检测效率，减少了软件测试周期，并且对于软件在功能上、逻辑上存在的不足，能够及时发现。

例如：在开展某计算机软件的测试中，技术人员一般会选择分布测试的办法，在多个计算机平台系统当中，使用相关的工具进行数据的检测与性能的测试。

（二）特征

软件开发人员为了能够最大程度地对软件测试效果进行增强，在测试平台的选择上，需要有一定的要求。因为软件在计算机上运行的流畅程度，往往与系统环境之间有密切的联系，在不同的系统环境当中，软件的运行情况可能会存在一定的差异。当下所使用的计算机软件当中，很大一部分需要进行联网，软件才可以正常地运行，因此若要对这些功能开展性能测试，软件就必须要在联网环境中开展运行，所以软件的运行环境对于针对软件开展测试十分重要。

（三）常见测试平台

目前，在中国市场上，针对软件的测试平台较多。按照软件开发者的不同需求，这些软件测试平台的功能性也会有所不同。

国内常用的 Test Center 软件测试平台与 PARASDFT ALM 软件测试平台，前者是用于针对通用软件开展测试的平台，可以面对较为多样性的软件开展测试活动。此平台是面向软件测试而建成的一个平台，并且该平台的优势是可以随时进行测试运行。依靠该平台的使用，软件开发商可以极大程度地降低针对该软件进行研发的时间，提升软件开发者的工作效率，因为该平台可以面向计算机的全部软件，所以并没有十分显著的特征，但是在该平台当中，却拥有较为多样化的模块，每一个模块都能够针对软件在某一方面的性能开展测试。而在 PARASDFT ALM 软件测试平台当中，却显示出很强的集成性。也就是说该平台更加适合技术人员在针对软件的初期研发过程当中开展软件的测试，同时按照对该软件使用的编写语言的特点，PARASDFT ALM 软件测试平台配置有较为全面的测试工具，因为这些测试工具在使用过程中拥有极佳的反馈，所以 IBM 公司与因特尔公司在内的多家知名企业均使用该软件测试平台。

三、多平台的计算机软件测试方式

（一）计算机软件多平台测试

尽管就目前国内市场当中的计算机测试平台进行单一的观察，这些平台在使用过程中或多或少都可能存在有不尽如人意的地方。因此如果把软件只投放到一个软件测试平台开展测试，那么得到的测试结果必定是不全面的。因此这就需要软件开发商在多个计算机平台当中开展软件测试活动。对于现有环境的软件开发企业来讲，开展多平台的软件测试有着非凡的意义，特别是在软件呈现多样化和复杂化的现在，软件不存在漏洞与错误是不现实的。但是必须从各个方面着手，减少软件在使用过程中可能会对用户使用体验产生影响的缺陷。但是单一的软件测试平台测试是很难达到这一要求的，因此针对计算机软件测试，要采取多平台测试的方式，这是当前软件开发形势下，对于软件开发商所提出的硬性要求。

（二）进行多平台计算机软件测试的方法

目前形势看，软件开发企业在进行软件的多平台测试过程中，需要注意以下问题：首先是不同平台测试时，相关技术人员的协作问题。因为每一个测试平台都是由不同的软件开发商进行研发，因此相关人员在对这些软件测试平台进行使用的过程当中，会因为测试平台的不同，使人与人之间对软件操作的适应性存在差异，这会让技术人员在正式开展对软件的测试工作时，相互配合出现问题。所以在开展实际测量时，技术人员需要对测试的方式进行统一。

技术人员在开展某一个计算机软件的多平台测试时，应首先对所测试软件的核心功能板块进行确定，如果软件的功能在开展测试时，对于平台没有要求，若存在有针对性测试平台，就需要对该测试平台进行优先选择，杜绝全部选择通用平台而造成的测试结果不全面的现象，并且能够在某种程度上增强软件测试效果。在使用一个平台进行测试完成之后，再开展另一个测试平台的软件测试。这种流程一直持续下去，直到后面的平台检测中都没发现问题，则软件的测试工作方可宣告结束。

针对计算机软件的多平台测试，能够有效地让软件开发商在软件使用过程及时找出存在的问题和缺陷，进行弥补，并给予用户最佳的使用体验。同时，该测试也能够减少软件检测人员的工作负荷，因此针对软件的多平台测试这一课题值得进行深入的研究。

第五节 计算机软件测试技术与深度开发模式

软件测试过程中，为了满足实际工作的需要，展开相关测试模式的协调是非常重要的，比如自动化测试模式、人工测试模式及其静态测试模式等，通过对上述几种模式的应用，确保计算机软件测试体系的健全，实现其内部各个应用环节的协调。

一、关于计算机软件测试环节的分析

该文就白盒测试及其黑盒测试的相关环节展开分析，以满足当下工作的需要。黑盒测试。黑盒测试也被我们称之为功能测试，其主要是利用测试来对每一功能是否能够被正常使用进行检测。在测试的过程中，我们将测试当作一个不可以打开的黑盒，完全不考虑其内部的特性及内部结构，只是在程序的接口测试。

在日常黑盒测试模式中，我们要根据用户需要，展开相关环节测试，确保其满足输入关系、输出关系、用户需求等，确保其整体测试体系健全。但是在现实生活中，受到其外部特性的影响，在黑盒测试模式中，其普遍存在一些漏洞，较常见的黑盒测试问题主要有界面错误、功能的遗漏及其数据库出错问题等，更容易出现黑盒测试过程中的性能错误、初始化错误等。在黑盒测试模式中，我们需要进行穷举法的利用，实现对各个输入法的有效测试，实现其程序测试过程中的各个错误问题的避免。因此，我们不仅要对合法输入进行测试，还要对不合法输入进行测试。完全测试是不可能实现的，实际的工作中我们多使用针对性测试，这主要是通过测试案例的制定来指导测试的实施，进而确保有组织、按步骤、有计划地进行软件测试。在黑盒测试中，我们要做到能够加以量化，只有这样才能对软件质量进行保障，上文中提到的测试用例就是软件测试行为量化的一个方法。

在白盒测试模式中，我们需要明确好其结构测试问题及其逻辑驱动测试问题，这是非常重要的一个应用问题。通过对程序内部结构的测试模式的应用，可以满足当下的程序检测的需要，实现其综合应用效益的提升。在程序检测过程中，通过对每一个通路工作细节的剖析，以满足当下的通路工作的需要。该模式需要进行被测程序的应用，利用其内部结构做好相关环节的准备工作。进行其整体逻辑路径的测试，针对其不同的点对其程序状态展开检查，进行预期效果的判定。

二、计算机软件的深入应用

（1）在计算机软件工程应用过程中，其需具备几个应用阶段，分别是程序设计环节、软件测试环节、软件应用环节。通过对上述几个应用环节的剖析，进行当下的计算机科学技术理论的深入剖析、引导，从而确保其整体成本的控制，实现软件整体质量的优化，这是一个比较复杂的过程，需要引起我们的重视，实现该学科的综合性的应用。在软件工程应用过程中，其涉及的范围是比较广泛的，比如管理学、系统应用工程学、经济学等。受外部影响条件限制，软件开发需要经过三个应用阶段。通过软件工程这种方式，对软件进行生产，其过程和建筑工程以及机械工程有很大的相似性，好比一个建筑工程自开始到最后往往会经历设计、施工以及验收这三个阶段，而软件产品的生产中也存在着三个阶段：定义、开发以及维护。当然，在建筑工程及软件的开发阶段也存在着一些不同，比如，建筑工程的设计蓝图一旦形成之后，在其后续的流程中将不会有回溯问题，而在软件开发工程中，每一个步骤都有可能经历一次或多次的修改及适应回溯问题。

通过对应用软件开发模式的应用，可以满足当下的计算机开发的需要，比如对大型仿真训练软件的应用，对计算机辅助设计软件的应用，这需要实现相关人员的积极配合，进行应用软件的整体质量的优化，根据软件工作的相关原则及其设计思路，实现该工作环节的协调，实现其综合运作效益的提升。在该种软件开发模式中，我们要进行几个系统研究方法的应用，比如生命周期法、自动形式的系统开发法等。在生命周期法的应用过程中，需要明确下列几个问题，从时间的角度对软件定义、开发以及维护过程中的问题进行分解，使其成为几个小的阶段，在每个阶段开始及结束的时候都有非常严格的标准，这些标准是指在阶段结束的时候要交出质量比较高的文档。

（2）通过对原型法的应用，来满足当下工作需要，软件目标的优化需要做好相关环节的工作，实现其处理环节、输出环节及其输入环节的协调。在此应用模块中，要按照相关方法进行系统适用性、处理算法效果的提升，实现对上述应用模式的深入认识。这需要研究原型的具体模式、工作原型、纸上原型等，利用这些模型可以解决软件的一些问题。至于工作原型则是在计算机上执行软件的一部分功能，帮助开发中及用户理解即将被开发的程序；而现有模型则是通过现成的、可运行的程序完成所需的功能，不过其中一部分是在新开发基础上改善。在利用原型法进行开发的过程中，主要可以分为可行性研究阶段、对系统基本要求进行确定阶段、建造原始系统阶段等。

（3）自动形式的系统开发应用中，通过对 4GT 的应用，实现其软件开发模式的正常运行，该模式实现了对所需内容的深入开发，利用该种模式，可以有目的性地进行剖析，从而满足当下工作的需要。4GT 软件工具将会依据系统的要求对规范进行确定，进而进行分析、自动设计及自动编码。限于篇幅这里不再对其详细分析。软件测试及软件开发是非常复杂的工作，涉及的内容和环节比较多。

本节限于篇幅，仅对最重要的一些问题进行较为表面的探讨。我们要想真正地做好这一工作，还需要加强自身的学习和探索。

第六节　对目前计算机软件可靠性及其测试分析

随着社会科技的不断发展和进步，计算机软件产品的应用已经遍布了世界各个角落，它们与人类的生活息息相关，所以计算机软件的质量好坏是一件很重要的事情。本节将针对目前计算机软件的可靠性以及其测试进行分析。

随着社会的进步，信息科学与技术得到了很大的发展。计算机软件已经被广泛地应用，各个领域范围都可以看见计算机软件的存在，它已经和我们的生活密切地联系在了一起。但是，计算机软件总是存在着一些问题和缺陷，给生活带来了不便甚至是危害。比如在国家的航空领域、军队作战领域、商业银行领域等重要领域，如果出现计算机软件的错误，带来的后果是不堪设想的，严重的情况下，甚至可能会威胁到一个国家的存亡。比如在1991年，美国爱国者导弹防御系统，就是因为它存在着一个很小的软件缺陷，使得在战役中失利，并且其中一枚导弹使28名美国士兵丧生。像这种因为计算机软件的缺陷而造成严重的后果的例子还有很多，所以需要警惕起来，针对计算机软件的可靠性以及其测试需要进行分析，全面提高计算机软件的质量。

一、计算机软件的可靠性以及其可靠性测试的定义

（一）计算机软件的可靠性

计算机软件的可靠性是软件质量的基本要素。计算机软件的可靠性是指在一定的时间和条件下，软件不会使得系统失效，并且在规定的时间范围内，计算机软件可以正常地执行其该有的功能。计算机软件运行的时间主要是软件工作以及挂起的总和，而在软件运行的时间段里便是计算机软件可靠性的主要体现。计算机软件在其运行的环境当中，给予系统所需要的各种要素。当然，在不同的环境下，软件的可靠性也是不同的，它需要根据计算机的硬件、操作系统、数据格式、操作流程等从而产生随机的变量。另外，计算机软件的可靠性与规定的具体的任务也有关系，程序的选择不同，软件的可靠性也会随之改变。

（二）计算机软件可靠性测试

所谓计算机软件测试就是指在软件规定使用的环境当中，检测出软件的缺陷，验证是否可以达到用户可靠性要求的一种测试。在测试的过程当中，需要使用各种测试来证明其可靠性，需要拥有明确的测试目标，然后进行制定测试的方案，科学合理地实施整个测试的过程，最后需要对测试得到的相关数据和结果进行客观地分析。进行这种测试目的在于两个方面，其一是为了发现计算机软件的缺陷，而另一方面是为软件的正常维护提供较为可靠的工作数据，同时对软件的可靠性进行定量的分析，从而判断其是否为合格，是否可以进行推广。

二、计算机软件的可靠性测试的方法

就目前社会上所采用的计算机软件可靠性测试的方法可谓五花八门，但是总体来说可以分为四种：静态测试、动态测试、黑盒测试以及白盒测试。静态和动态测试主要是根据测试当中是否有需要执行被测软件的角度出发，而黑盒以及白盒测试是根据测试当中是否需要针对计算机系统内部结构和具体实现算法的角度出发。

静态测试主要指的就是在测试的过程当中，并不实际地去运行被测试的软件，而是对计算机软件的代码、相关程序、文档以及界面可能会出现的错误进行相对的静态地观察和分析。总的来说，静态测试主要就是对软件的代码、文档、界面进行测试。而动态测试就和静态测试不同，它是对计算机软件进行运行和使用，并不仅仅停留在观察上，需要进行实际地操作，从而发现软件的缺陷。

所谓黑盒测试，就如它的名字一样，是把需要进行测试的软件当作一个黑盒子，我们不用去了解软件内部的结构，我们需要做的工作就是进行输入、接收输出、检验结果。黑盒子测试常常又被称作行为测试，因为测试的软件在使用过程中的实际行为。在黑盒测试中，需要注意的地方是输入的时候，数据是否正常，输出的时候，结果是否正确的，软件是否有异常的功能等。如果在测试的过程中，一旦发现或者出现程序上的错误，要及时核对输入以及输出条件可能会出现的数据错误，从而来保证软件中程序能够正常运行。

白盒测试当然就是和黑盒测试相反，它是需要打开被测软件内部的盒子，去分析和研究计算机软件的源代码还有自身的程序的分布结构。像这种测试又可以称作为结构测试。在白盒测试的过程当中，测试人员会充分了解软件内部工作的步骤和过程，可以清楚地知道软件内部各个部分工作的情况，看它们是否和预期的工作状况一致。白盒测试人员可以针对被测软件的结构特点以及性能来进行选择和设计相对应的测试用例，来进行检验软件测试的可靠性。

白盒测试主要是针对软件运行的所有的代码、分支、路径以及条件，这种测试的方式是目前比较流行的软件可靠性测试方法。它主要的方法是针对逻辑驱动和软件运行的基本路径进行测试，这一点也是在软件认证领域得到了较为广泛的运用。在这种测试过程中，可以保证软件内部每个模块中独立的部分都可以在相应的路径下至少执行一次，从而最终确定软件中所用数据的真实可靠性。

本节主要是简略地介绍了计算机软件的可靠性以及可靠性测试的含义，还有计算机软件可靠性测试的基本方法。在现在这个科技发达的社会上，计算机软件测试的方法是层出不穷，但是仍然会存在一些意想不到的问题，所以人们还需要不断学习和创新，从而创造出先进优秀的测试方法来提高计算机软件的可靠性。

第七节　三取二安全计算机平台测试软件设计

本节描述的测试软件是为测试三取二安全计算机平台功能的正确性和系统的可靠性而设计的一款专用测试工具。该工具用于测试三取二安全计算机平台的三取二功能、继电器的驱动和采集、UDP 协议通信、串口协议通信、热备冗余功能、各板卡的实时工作状态显示、故障报警等。为了逐一测试这些功能，本节详细描述了三取二安全计算机平台测试软件的设计方法。该款工具具有一定的设计创新性，已经得到应用，达到了其设计目的，得到了第三方安全认证公司的认可，使三取二安全计算机平台顺利通过安全认证。

三取二安全计算机平台是城市轨道交通信号系统各安全子系统的一个通用的硬件平台，为后期各安全子系统的应用开发提供所需的应用接口。通用硬件平台主要功能包括三取二功能、继电器的驱动和采集、UDP 协议通信、串口协议通信、热备功能、各板卡的工作状态、故障报警、日志记录等。平台硬件包括通信板（COM 板）、安全监控板

（VSC 板）、微处理器板（MPU 板）、输入输出板（DIO 板）、扩展板（GATE 板）以及电源模块等。由于该平台是南京恩瑞特实业有限公司自主研发的一款产品，所以市场上没有相对应的测试工具，为此本人主导并研发了该款专用测试软件。

本节重点描述三取二安全计算机平台核心功能的测试软件的设计，主要分为 4 个部分，即三取二功能测试设计、网口和串口通信功能测试设计、DIO 驱动和采集继电器功能测试设计、板卡工作状态和报警功能测试设计。

一、三取二功能测试设计

三取二功能是指三块独立的 MPU 板分别获取 DI 的采集信号和 COM 板传来的应用数据，然后三块 MPU 板就像三台独立的计算机分别对输入的对象进行处理，然后将各自的处理结果两两表决，至少有两组表决结果一致时才将处理结果输出到 DO 板驱动继电器工作或输出到 COM 板将处理数据再反馈给应用程序。在处理中，如果有一组表决结果与其他两组不一致，则本板处理结果不输出，当达到一定次数后本板断电；如果三组数据两两表决不一致，则都不输出，当达到一定次数后平台整体下电，导向安全。

三取二功能测试设计流程是：获取应用报文（定义为 3 种数据，0、1 和空值）发送给 MPU 板，MPU 板内部程序对应用报文进行处理，并两两相互表决处理结果，然后根据三取二的功能定义，输出表决结果，该工具获取表决结果并显示在界面上。其中，根据界面上选择的数据不同，会形成不同的测试场景，如选择 001，则表决结果输出为0，当达到一定次数后，输入 1 的 MPU 板将下电，导向安全。

二、网口和串口通信功能测试设计

网口和串口通信功能是指外部数据通过 COM 板（每块 COM 板有 4 个网口和 4 个串口）将数据传输到 MPU 板，MPU 板上运行的应用程序对数据进行处理，然后将处理后的数据再通过 COM 板输出，其中两块 COM 板为热备。

网口和串口通信功能测试设计流程是：获取发送报文的类型（定义为 UDP 广播、UDP 组播、UDP 单播三种类型），收发数据的网口，发送报文的间隔，超时间隔和报文长度等参数，然后按这些参数组成不同的报文发送给 MPU 板，同时记录发送报文的内容、数量和序列号，MPU 板内部程序对应用报文进行处理并输出表决结果，测试工具根据接收的表决数据，逐一比对报文的内容和序列号，如果有一项错误则判为丢包，然后自动统计和实时显示每个网口的发包数、收包数和总丢包数。如果选择序列号比较，则只比对序列号不比对内容，以考验其数据处理能力；如果选择错误数据选项，则发送错误的报文，以考验其容错能力。同时测试软件可以部署在多个测试机上，保证测试机的性能不会成为数据处理的瓶颈。

三、 DIO 驱动和采集功能测试设计

DIO 驱动和采集（简称驱采）功能是根据测试工具下发的断开或者吸合的指令MPU 板驱动 DO 板工作，控制继电器处于断开或者吸合状态，然后 DI 板将继电器当前的状态回采，并判断驱动与采集的一致性，同时根据应用的需要，可以通过 GATE 板增加 DIO 的点数。

DIO 驱动和采集功能测试设计流程是：首先判断是手动驱采还是自动驱采，如果是手动驱采，则读取驱动的点数范围、发送间隔和断开或者吸合指令，然后发送给 MPU板，MPU 板上内部程序对指令报文和驱采进行处理，专用工具实时显示驱采的结果，如果驱采不一致则显示在日志框中；如果是自动驱采，则按一定的时间间隔循环发送断开和吸合指令，并覆盖定义范围内的驱动点数，剩余过程与手动驱采相同，这样可以保证平台一直处于工作状态，以验证平台的可靠性。

四、板卡工作状态和报警功能测试设计

板卡工作状态和报警功能是指 MPU 自动将各板卡的工作状态（定义为工作态、故障态和离位态）上报，测试工具根据上报的内容实时显示其工作状态，如果是离位态则报警并记录发生的次数和时间。

本款专用测试软件从架构上包括两大部分，其一是可视化的友好、灵活界面；其二是应用测试软件。测试软件的设计创新之处在于，首先，不管是可视化界面，还是应用测试软件，都采用符合欧洲 EN50128 安全标准的技术以确保测试工具本身的正确性和可靠性；其次，可视化界面设计友好，易使用，测试参数可选可配置，测试项可单选、可组合，便于测试各种应用场景，提高了测试效率和工具的灵活性。上位机程序还采

用了多线程和分布式技术，保证在大数据量处理时上位机性能不会造成瓶颈，同时实时显示测试结果和记录日志，使测试结果可信，这得到第三方认证公司的赞许；最后，应用测试软件采用了状态机技术确保采集 DI 数据的实时性和 COM 通信数据的实时性。

综上所述，三取二安全计算机平台测试工具是经过实践证明的第三方安全认证公司认可的一款测试软件，具有一定的设计创新性，不仅测试了该平台功能的正确性和系统可靠性，还为产品的开发节约了成本，缩短了研发工期。

第四章　计算机视觉的基本技术

第一节　计算机视觉下的实时手势识别技术

在全球信息化背景下，逐渐发展起来越来越多的新科技，在图像处理技术领域，也取得了长足的发展。随着图像处理技术和模式识别技术等相关技术的不断发展，借助于计算机技术的巨大发展，使得人们的生活较以往有了巨大的改观，人们也越来越离不开计算机技术，在这种大环境下，人们也开始着重研究实时手势识别技术。本节就是在基于计算机视觉背景下，简单地介绍了实时手势识别技术，以及实时手势识别技术的一些识别方法和未来的发展方向，希望能够对一些实时手势识别技术感兴趣的相关人员提供一定的参考和帮助。

在人类科学技术取得了飞速发展的今天，人们的日常生活中已经广泛应用到人机交互技术，其已经在人们的日常生活中占据越来越多的戏份。在现代计算机技术的加成下，人机交互技术可以通过各种方式、各种语言使得人们和机器设备进行交流，在这方面，利用手势进行人机对话也是特别受人欢迎的方式之一。所以，在计算机视觉下的实时手势识别技术也被越来越多的人研究，而且已经初步成型，部分被我们所利用，只不过，要实现实时手势识别技术的普及，还需要加大对其中一些相关技术的研究，解决掉现在实时手势识别技术所存在的一些问题，为对图像的准确识别和依据图像内容做出准确的反映作保证。

一、实时手势识别技术介绍

（一）手势识别技术概述

手势识别技术是近几年发展起来的一种人机交互技术，是利用计算机技术，使得机器对人类表达方式进行识别的一种方法，根据设定的程序和算法，使得工作人员和计算机之间通过不同的手势进行交流，再用计算机上的程序和算法对相应的机器进行控制，使其根据工作人员的不同手势和做出相应的动作。在工作人员做出的手势上，可以分为静态手势和动态手势两种，静态手势就是指工作人员做出一个固定不变的手势，以这种固定不变的手势表示某种特定的指令或者含义，讲得通俗点即为人们常说的固态姿势。另外一种动态手势，也就是一个连续的动作，相对于静态手势来说，就显得比较复杂了，通俗点说，就是让操作者完成一个连续的手势动作，然后让机器根据这一连串的手部动作完成人们所期望的指令，做出人们所期望的反应。

（二）手势识别技术所需要的平台

手势识别技术和其他计算机科学技术一样，都需要硬件平台和软件平台。在硬件平台方面，必须配备一台电脑和一台能够捕捉到图像的高清网络摄像头，电脑的配置当然要尽可能的高，具备强大的运算能力，能够快速运算，稳定输出，对摄像头的要求也比较高，要能够清晰地拍摄到操作者的手部动作，不论是固定的静态手势还是一个连续的动态手部动作，都要能够清楚地记录跟踪，并传送给电脑。另外一个方面是软件平台方面，一般都是利用 C 语言开发平台，通过一些开源数据库，编写成一定的算法和程序，再配上视觉识别系统，利用这些程序进行控制和运行，分别实现对各种不同的静态手势和动态手势进行识别，实现人机交互的功能。

（三）手势识别技术的实现

录入摄像头拍摄到的图像视频对视频软件进行开发可选择的操作系统有很多，不同的研发单位可以根据自己的情况进行选择，为了让摄像头能够捕捉不同的视频画面，对摄像头画面的能力的要求特别高，这也是机器重要的一步，然后再通过建立不同的函数模型，对这些函数模型以一定的程序来调用，再在建立的不同窗口来进行显示，在所使用的摄像头上也要装上一定的摄像头驱动程序，来驱动摄像头工作。以此，便可以根据相关的数据模型，把捕捉到的视频或图像画面，在特定的窗格中显示出来。

将摄像头读取到的手势动作进行固定操作。对于实现手势的固定操作要通过不同的检测方法，最常见的固定方法有两种：运动检测技术和肤色检测技术。前一种固定方法指的是，当做出一个动作时，视频图像中的背景图片会按一定的顺序进行变化，通过对这种背景图片的提取，再和以前未做动作所保留的背景图片做对比，根据背景图片的这种按顺序的形状变化的特点来固定手势动作，但是由于有一些不确定因素的影响，例如天气和光照等，他们的变化会引起计算机背景图片分析和提取的不准确，使得运动检测技术在程序设计的过程中比较困难，不易实现。而后一种手段肤色检测技术正是为了减少这种光照或者天气等不确定因素的影响，来对手势动作进行准确的定位。肤色检测技术的原理是通过色彩的饱和度、亮度和色调等对肤色进行检测，然后再利用肤色具有比较强的聚散性质，会和其他颜色对比明显的特点，使得机器将肤色和其他颜色区别开来，在一定条件下能够实现比较准确的固定手势动作。

手势跟踪技术。实现手势分析的关键环节是完善手势跟踪技术，从实验数据显示的结果来看，利用不同的算法来跟踪手势动作，能够对人脸和手势的不同动作进行有效地识别，如果在识别过程中，出现了手势动作被部分遮挡的情况，则需要进一步对后续的手势遮挡动作做出识别，通过改进算法来对摄像头拍摄不全的问题进行准备，再应用适合的肤色跟踪技术，得到具体的投射视图。

手势分割技术。要在视觉领域应用计算机软件技术，对数字和图像进行处理，并且应用于手势识别领域，就要借助计算机手势分割技术。计算机手势分割技术是指在操作者的手运动的时候，把摄像头采集并传递给计算机的图像数据，会被计算机当中的软件系统识别。如果不对动态手势图像进行手势分割技术处理，就有可能在肤色和算法的共同作用下，把算法数据转换为形态学指标，也就有可能导致数据模糊和膨胀，造成视觉不准确的现象。

二、计算机视觉下实时手势识别的方式

（一）模板识别方式

在静态手势的识别中经常被用到的最为简单的实时手势方式就是模板识别方式，它的主要原理是提前将要输入的图像模板存入到计算机内，然后再根据摄像头录入的图像进行相应的匹配和测量，最后通过检测它的相似程度来完成整个识别过程。这种实时手势识别方式具备简单、快速。但是，由于它也存在识别不准确的情况，我们也要根据实际的情况需要，选择不同的识别方式，对此，我们要做出一个比较准确的判断。

（二）概率统计模型

由于模板识别方式存在着模板不好界定的情况，有时候容易引起错误，所以，我们引入了概率统计的分类器，通过估计或者是假设的方式对密度函数进行估算，估算的结果与真实情况越相近，那么分类器就越接近在其中的最小平均损失值。从另一个方面来讲，在动态手势识别过程中，典型的概率统计模型就是 HMM，它主要用于描述一个隐形的过程。在应用 HMM 时，要先训练手势的 HMM 库，而且在识别的时候，将等待识别的手势特征值带入到模型库中，这样对应概率值最大的那么模型便是手势特征值。概率统计模型存在的问题就是对计算机的要求比较高，由于计算机视觉下的实时手势识别技术及其应用都比较大，所以就需要计算机要有强大的计算速度。

（三）人工神经网络

作为一种模仿人与动物活动特征的算法，人工神经网络在数据图像处理领域中，发挥着它的巨大优势。人工神经网络是一种基于决策理论的识别方式，能够进行大规模分布式的信息处理。在近年来的静态和动态手势识别领域，人工神经网络的发展速度非常快，通过各种单元之间的相互结合，加以训练，估算出的决策函数，能够比较容易的完成分类的任务，减少误差。

三、实时手势识别技术在未来发展中的方向

（一）早日实现一次成功识别

以现在实时手势识别技术的发展现状，无论使用怎么样的算法，基本上都不能做到一次性成功识别，都会经历多种不同的训练阶段，也不能够保证一次性准确识别成功。所以，在手势识别技术的未来发展中，我们的研究方向主要是要保证怎么样一次性快速识别，而且还要保证识别的准确性，这在未来实时手势识别技术的发展过程中是十分重要的，也需要我们在软件平台和硬件平台各个方面同时努力，加大研究投入，争取早日实现一次性成功识别，这样才能极大地提高手势识别的效率，能使实时手势识别技术得到更大的推广，为社会的生产加工做出更多的贡献。

（二）争取给用户最好的体验

虽然实时手势识别技术对于计算机来说，显得比较复杂，尤其对于图像的处理，但是对于它的体验者来讲，则是和传统的交互方式完全不同的另一种体验。但是从目前的现状来看，实时手势识别技术还处于一个最基础的发展阶段，并没有完全给用户一个非常完美的体验，所以应该在发展实施手势识别技术的过程中，多和用户进行沟通，询问体验用户的感受，再切实制定新的发展策略，改进实施手势识别技术。一方面，我们要提高图像的录入质量和计算机运算的速度。另一方面，我们还需要切实考虑用户的体验感受，从多个方面入手研究，使得实时手势识别技术能够给用户带来最好的体验。

在计算机视觉下的实时手势识别技术在今天的日常生活和科技发展中已经显得特别重要，其研究成果，使得人在与机器的沟通交流过程中具有非常重要的作用，可以极大地方便人与机器设备的沟通，让我们可以更轻松地对机器设备进行传递指令，方便快捷地完成某种动作，达到我们想要的目的。但是由于现阶段环境的复杂性和一些技术上的缺陷，致使实时手势识别技术在应用的过程中仍旧存在着一些不足，需要我们继续努力，加快发展，尽早实现实时手势识别技术的推广。

第二节　基于计算机视觉的三维重建技术

单目视觉三维重建技术是计算机视觉三维重建技术的重要组成部分，其中从运动恢复结构法的研究工作已开展了多年并取得了不俗的成果。目前已有的计算机视觉三维重建技术种类繁多且发展迅速，本节对几种典型的三维重建技术进行了分析与比较，着重对从运动恢复结构法的应用范围和前景进行了概述并分析其未来的研究方向。

计算机视觉三维重建技术是通过对采集的图像或视频进行处理以获得相应场景的三维信息，并对物体进行重建。该技术简单方便、重建速度较快、可以不受物体形状限制而实现全自动或半自动建模。目前计算机视觉三维重建技术广泛应用于包括医学系统、自主导航、航空及遥感测量、工业自动化等在内的多个领域。

本节根据近年来的国内外研究现状对计算机视觉三维重建技术中的常用方法进行了分类，并对其中实际应用较多的几种方法进行了介绍、分析和比较，指出今后面临的主要挑战和未来的发展方向。本节将重点阐述单目视觉三维重建技术中的从运动恢复结构法。

一、基于计算机视觉的三维重建技术

通常三维重建技术首先需要获取外界信息，再通过一系列的处理得到物体的三维信息。数据获取方式可以分为接触式和非接触式两种。接触式方法是利用某些仪器直接测量场景的三维数据。虽然这种方法能够得出比较准确的三维数据，但是它的应用范围有很大程度的限制。目前的接触式方法主要有 CMMs、Robotics Arms 等。非接触式方法是在测量时不接触被测量的物体，通过光、声音、磁场等媒介来获取目标数据。这种方法的实际应用范围要比接触式方法广，但是在精度上却没有它高。非接触式方法又可以分为主动和被动两类。

（一）基于主动视觉的三维重建技术

基于主动视觉的三维重建技术是直接利用光学原理对场景或对象进行光学扫描，然后通过分析扫描得到的数据点从而实现三维重建。主动视觉法可以获得物体表面大量的细节信息，重建出精确的物体表面模型；不足的是成本高昂，操作不便，同时由于环境的限制不可能对大规模复杂场景进行扫描，其应用领域也有限，而且其后期处理过程也较为复杂。目前比较成熟的主动方法有激光扫描法、结构光法、阴影法等。

（二）基于被动视觉的三维重建技术

基于被动视觉的三维重建技术就是通过分析图像序列中的各种信息，对物体的建模进行逆向工程，从而得到场景或场景中物体的三维模型。这种方法并不直接控制光源、对光照要求不高、成本低廉、操作简单、易于实现，适用于各种复杂场景的三维重建；不足的是对物体的细节特征重建还不够精确。根据相机数目的不同，被动视觉法又可以分为单目视觉法和立体视觉法。

1. 基于单目视觉的三维重建技术

基于单目视觉的三维重建技术是仅使用一台相机来进行三维重建的方法，这种方法简单方便、灵活可靠、使用范围广，可以在多种条件下进行非接触、自动、在线的测量和检测。该技术主要包括 X 恢复形状法、从运动恢复结构法和特征统计学习法。

X 恢复形状法。若输入的是单视点的单幅或多幅图像，则主要通过图像的二维特征（用 X 表示）来推导出场景或物体的深度信息，这些二维特征包括明暗度、纹理、焦点、轮廓等，因此这种方法也被统称为 X 恢复形状法。这种方法设备简单，使用单幅或少数几张图像就可以重建出物体的三维模型；不足的是通常要求的条件比较理想化，与实际应用情况不符，重建效果也一般。

从运动恢复结构法。若输入的是多视点的多幅图像，则通过匹配不同图像中的相同特征点，利用这些匹配约束求取空间三维点的坐标信息，从而实现三维重建，这种方法被称为从运动恢复结构法，即 SfM（Structure from Motion）。这种方法可以满足大规模场景三维重建的需求，且在图像资源丰富的情况下重建效果较好；不足的是运算量较大，重建时间较长。

目前，常用的 SfM 方法主要有因子分解法和多视几何法两种。因子分解法。Tomasi 和 Kanade 最早提出了因子分解法。这种方法将相机模型近似为正射投影模型，根据秩约束对二维数据点构成的观测矩阵进行奇异值分解，从而得到目标的结构矩阵和相机相对于目标的运动矩阵。该方法简便灵活，对场景无特殊要求，不依赖具体模型，具有较强的抗噪能力；不足的是恢复精度并不高。多视几何法。通常，多视几何法包括以下四个步骤：①特征提取与匹配。特征提取是首先用局部不变特征进行特征点检测，再用描述算子来提取特征点。Moravec 提出了用灰度方差来检测特征角点的方法。Harris 在 Moravec 算法的基础上，提出了利用信号的基本特性来提取图像角点的 Harris 算法。Smith 等人提出了最小核值相似区，即 SUSAN 算法。Lowe 提出了一种具有尺度和旋转不变性的局部特征描述算子，即尺度不变特征变换算子，这是目前应用最为广泛的局部特征描述算子。Bay 提出了一种更快的加速鲁棒性算子。特征匹配是在两个输入视图之间寻找若干组最相似的特征点来形成匹配。传统的特征匹配方法通常是基于邻域灰度的均方误差和零均值正规化互相关这两种方法。Grauman 等人提出了一种基于核方法的快速匹配算法，即金字塔匹配算法。Photo Tourism 系统在两两视图间的局部匹配时采用了基于近似最近邻搜索的快速算法。②多视图几何约束关系计算。多视图几何约束关系计算就是通过对极几何将几何约束关系转换为基础矩阵的模型参数估计的过程。Longuet-Higgins 最早提出多视图间的几何约束关系可以用本质矩阵在欧氏几何中表示。Luong 提出了解决两幅图像之间几何关系的基础矩阵。与此同时，为了避免由光照和遮挡等因素造成的误匹配，学者们在鲁棒性模型参数估计方面做了大量的研究工作，在目前已有的相关方法中，最大似然估计法、最小中值算法、随机抽样一致性算法三种算法使用最为普遍。③优化估计结果。当得到了初始的射影重建结果之后，为了均匀化误差和获得更精确的结果，通常需要对初始结果进行非线性优化。在 SfM 中对误差应用最精确的非线性优化方法就是光束法平差。光束法平差是在一定假设下认为检测到的图像特征中具有噪音，并对结构和可视参数分别进行最优化的一种方法。近年来，众多的光束法平差算法被提出，这些算法主要是解决光束法平差有效性和计算速度两个方面的问题。Ni 针对大规模场景重建，运用图像分割来优化光束法平差算法。Engels 针对不确定的噪声模型，提出局部光束法平差算法。Lourakis 提出了可以应用于超大规模三维重建的稀疏光束法平差算法。④得到场景的稠密描述。经过上述步骤后会生成一个稀疏的三维结构模型，但这种稀疏的三维结构模型不具有可视化效果，因此要对其进行表面稠密估计，恢复稠密的三维点云结构模型。近年来，学者们提出了各种稠密匹配的算法。Lhuillier 等人提出了能保持高计算效率的准稠密方法。Furukawa 提出的基于面片的多视图立体视觉算法是目前提出的准稠密匹配算法里效果最好的算法。

综上所述，SfM 方法对图像的要求非常低，鲁棒性和实用价值非常高，可以对自然地形及城市景观等大规模场景进行三维重建；不足的是运算量比较大，对特征点较少的弱纹理场景的重建效果比较一般。

特征统计学习法。特征统计学习法是通过学习的方法对数据库中的每个目标进行特征提取，然后对目标的特征建立概率函数，最后将目标与数据库中相似目标的相似程度表示为概率的大小，再结合纹理映射或插值的方法进行三维重建。该方法的优势在于只要数据库足够完备，任何和数据库目标一致的对象都能进行三维重建，而且重建质量和效率都很高；不足的是和数据库目标不一致的重建对象就很难得到理想的重建结果。

2. 基于立体视觉的三维重建技术

立体视觉三维重建是采用两台相机模拟人类双眼处理景物的方式，从两个视点观察同一场景，获得不同视角下的一对图像，然后通过左右图像间的匹配点恢复出场景中目标物体的三维信息。立体视觉方法不需要人为设置相关辐射源，可以进行非接触、自动、在线的检测，简单方便，可靠灵活，适应性强，使用范围广；不足的是运算量偏大，而且在基线距离较大的情况下重建效果明显降低。

随着上述各个研究方向所取得的积极进展，研究人员开始关注自动化、稳定、高效的三维重建技术的研究。

二、面临的问题和挑战

SfM 方法目前存在的主要问题和挑战如下。

鲁棒性问题：SfM 方法鲁棒性较差，易受到光线、噪声、模糊等问题的影响，而且在匹配过程中，如果出现了误匹配问题，可能会导致结果精度下降。

完整性问题：SfM 方法在重建过程中可能由于丢失信息或不精确的信息而难以校准图像，从而不能完整地重建场景结构。

运算量问题：SfM 方法目前存在的主要问题就是运算量太大，导致三维重建的时间较长，效率较低。

精确性问题：目前 SfM 方法中的每一个步骤，如相机标定、图像特征提取与匹配等一直都无法得到最优化的解决，导致了该方法易用性和精确度等指标无法得到更大提高。

针对以上这些问题，在未来一段时间内，SfM 方法的相关研究可以从以下几个方面展开。

改进算法：结合应用场景，改进图像预处理和匹配技术，减少光线、噪声、模糊等问题的影响，提高匹配准确度，增强算法鲁棒性。

信息融合：充分利用图像中包含的各种信息，使用不同类型传感器进行信息融合，丰富信息，提高完整度和通用性，完善建模效果。

使用分布式计算：针对运算量过大的问题，采用计算机集群计算、网络云计算以及 GPU 计算等方式来提高运行速度，缩短重建时间，提高重建效率。

分步优化：对 SfM 方法中的每一个步骤进行优化，提高方法的易用性和精确度，使三维重建的整体效果得到提升。

计算机视觉三维重建技术在近年来的研究中取得了长足的发展，其应用领域涉及工业、军事、医疗、航空航天等诸多行业。但是这些方法想要应用到实际中还要更进一步的研究和考察。计算机视觉三维重建技术还需要在提高鲁棒性、减少运算复杂度、减小运行设备要求等方面加以改进。因此，在未来很长的一段时间内，仍需要在该领域做出更加深入细致的研究。

第三节　基于监控视频的计算机视觉技术

近年来，大规模分布式摄像头数量的迅速增长，摄像头网络的监控范围迅速增大。摄像头网络每天都产生规模庞大的视觉数据。这些数据无疑是一笔巨大的宝藏，如果能够对其中的信息加以加工、利用，挖掘其价值，能够极大地方便人类的生产生活。然而，由于数据规模庞大，依靠人力进行手动处理数据，不但人力成本昂贵，而且不够精确。具体来讲，在监控任务中，如果给工作人员分配多个摄像头，很难保证同时进行高质量监视。即便每人只负责单个摄像头，也很难从始至终保持精力集中。此外，相比于其他因素，人工识别的基准性能主要取决于操作人员的经验和能力。这种专业技能很难快速交接给其他的操作人员，且由于人与人之间的差异，很难获得稳定的性能。随着摄像头网络覆盖面越来越广，人工识别的可行性问题越来越明显。因此在计算机视觉领域，学者对摄像头网络数据处理的兴趣越来越浓厚。本节将针对近年来计算机视觉技术在摄像头网络中的应用展开分析。

一、字符识别

随着私家车数量与日俱增，车主驾驶水平参差不齐，超速行驶、闯红灯等违章行为时有发生，交通监管的压力也越来越大。依靠人工识别违章车辆，其性能和效率都无法得到保障，需要依靠计算机视觉技术实现自动化。现有的车牌检测系统已拥有较为成熟的技术，识别准确率已经接近甚至超过人眼。光学字符识别技术是车牌检测系统的核心技术，该技术的实现过程分为以下步骤：首先，从拍摄的车辆图片中识别并分割出车牌；其次，查找车牌中的字符轮廓，根据轮廓逐一分割字符，生成若干包含字符的矩形图像；再次，利用分类器逐一识别每个矩形图像中所包含的字符；最后，将所有字符的识别结果组合在一起得到车牌号。车牌检测系统提高了交通法规的执行效率和执行力度，对公共交通安全提供了有力保障。

二、人群计数

2014 年 12 月 31 日晚，在上海外滩跨年活动上发生的严重踩踏事故，导致 36 人死亡 49 人受伤。事件发生的直接原因是人群密度过大。活动期间大量游客涌入观景台，增大了事故发生的隐患及事故发生时游客疏散的难度。这一事件发生后，相关部门加强了对人流密度的监控，某些热点景区已投入使用基于视频监控的人群计数技术。人群计数技术大致分为三类：基于行人检测的模型、基于轨迹聚类的模型、基于特征的回归模型。其中，基于行人检测的模型通过识别视野中所有的行人个体，统计后得到人数。基于轨迹聚类的模型针对视频序列，首先识别行人轨迹，再通过聚类估计人数。基于特征的回归模型针对行人密集、难以识别行人个体的场景，通过提取整体图像的特征直接估计得到人数。人群计数在拥堵预警、公共交通优化方面具有重要价值。

三、行人再识别

在机场、商场此类大型分布式空间，一旦发生盗窃、抢劫等事件，肇事者在多个摄像头视野中交叉出现，给目标跟踪任务带来巨大挑战。在这一背景下，行人再识别技术应运而生。行人再识别的主要任务是分布式多摄像头网络中的"目标关联"，其主要目的是跟踪在不重叠的监控视野下的行人。行人再识别要解决的是一个人在不同时间和物理位置出现时，对其进行识别和关联的问题，具有重要的研究价值。近年来，行人再识别问题在学术研究和工业实验中越来越受关注。目前的行人再识别技术主要分为以下步骤：首先，对摄像头视野中的行人进行检测和分割；其次，对分割出来的行人图像提取特征；再次，利用度量学习方法，计算不同摄像头视野下行人之间在高维空间的距离；最后，按照距离从近到远对候选目标进行排序，得到最相似的若干目标。由于根据行人的视觉外貌计算的视觉特征不够有判别力，特别是在图像像素低、视野条件不稳定、衣着变化甚至更加极端的条件下有着固有的局限性，要实现自动化行人再识别仍然面临巨大挑战。

四、异常行为检测

在候车厅、营业厅等人流量大、人员复杂的场所，或夜间的 ATM 机附近较容易发生犯罪行为的场景，发生斗殴、扒窃、抢劫等扰乱公共秩序行为的频率较高。为保障公共安全，可以利用监控视频数据对人体行为进行智能分析，一旦发现异常及时发出报警信号。异常行为检测方法可分为两类：一类是基于运动轨迹，跟踪和分析人体行为，判断其是否为异常行为；另一类是基于人体特征，分析人体各部位的形态和运动趋势，从而进行判断。目前，异常行为检测技术尚不成熟，存在一定的虚警、漏警现象，准确率有待提高。尽管如此，这一技术的应用可以大大减少人工翻看监控视频的工作量，提高数据分析效率。

基于监控视频的计算机视觉技术在交通优化、智能安防、刑侦追踪等领域具有重要的研究价值。近年来，随着深度学习、人工智能等研究领域的兴起，计算机视觉技术的发展突飞猛进，一部分学术成果已经转化为成熟的技术，应用在人们生活的方方面面，为人们提供着更加便捷、舒适、安全的环境。展望未来，在数据飞速增长的时代，挑战与机遇并存，相信计算机视觉技术会给我们带来更多的惊喜。

第四节　计算机视觉算法的图像处理技术

网络信息技术背景下，对于智能交互系统的真三维显示图像畸变问题，需要采用计算机视觉算法处理图像，实现图像的三维重构。本节以图像处理技术作为研究对象，对畸变图像科学建立模型，以 CNN 模型为基础，在图像投影过程中完成图像的校正。实验证明计算机视觉算法下图像校正效果良好，系统体积小、视角宽、分辨率较高。

在过去，传统的二维环境中物体只能显示侧面投影，随着科技的发展，人们创造出三维立体画面，并将其作为新型显示技术。文章通过设计一种真三维显示计算机视觉系统，提出计算机视觉算法对物体投影过程中畸变图像的矫正。这种图像处理技术与过去的 BP 神经网络相比，其矫正精度更高，可以被广泛应用于图像处理。

一、计算机图像处理技术

（一）基本含义

利用计算机处理图像需要对图像进行解析与加工，从中得到所需要的目标图像。图像处理技术应用时主要包含以下两个过程：转化要处理的图像，将图像变成计算机系统支持识别的数据，再将数据存储到计算机中，方便进行接下来的图像处理。将存储在计算机中的图像数据采用不同方式与计算方法，进行图像格式转化与数据处理。

（二）图像类别

计算机图像处理中，图像的类别主要有以下几种：（1）模拟图像。这种图像在生活中很常见，有光学图像和摄影图像，摄影图像就是胶片照相机中的相片。计算机图像中模拟图像传输时十分快捷，但是精密度较低，应用起来不够灵活。（2）数字化图像。数字化图像是信息技术与数字化技术发展的产物，随着互联网信息技术的发展，图像已经走向数字化。与模拟图像相比，数字化图像精密度更高，且处理起来十分灵活，是人们当前常见的图像种类。

（三）技术特点

分析图像处理技术的特点，具体如下：图像处理技术的精密度更高。随着社会经济的发展与技术的推动，网络技术与信息技术被广泛应用于各个行业，特别是图像处理方面，人们可以将图像数字化，最终得到二维数组。该二维数组在一定设备支持下可以对图像进行数字化处理，使二维数组发生任意大小的变化。人们使用扫描设备能够将像素灰度等级量化，灰度能够得到16位以上，从而提高技术精密度，满足人们对图像处理的需求。计算机图像处理技术具有良好的再现性。人们对图像的要求很简单，只是希望图像可以还原真实场景，让照片与现实更加贴近。过去的模拟图像处理方式会使图像质量降低，再现性不理想。应用图像处理技术后，数字化图像能够更加精准的反映原图，甚至处理后的数字化图像可以保持原来的品质。此外，计算机图像处理技术能够科学保存图像、复制图像、传输图像，且不影响原有图像质量，有着较高的再现性。计算机图像处理技术应用范围广。不同格式的图像有着不同的处理方式，与传统模拟图像处理相比，该技术可以对不同信息源图像进行处理，不管是光图像、波普图像，还是显微镜图像与遥感图像，甚至是航空图片也能够在数字编码设备的应用下成为二维数组图像。因此，计算机图像处理技术应用范围较广，无论是哪一种信息源都可以将其数字化处理，并存入计算机系统中，在计算机信息技术的应用下处理图像数据，从而满足人们对现代生活的需求。

二、计算机视觉显示系统设计

（一）光场重构

真三维立体显示与二维像素相对应比较，真三维可以将三维数据场内每一个点都在立体空间内成像。成像点就是三维成像的体素点，一系列体素点构成了真三维立体图像，应用光学引擎与机械运动的方式可以将光场重构。阐述该技术的原理，可以使用五维光场函数去分析三维立体空间内的光场函数，即，$F：L \in R5 \rightarrow I \in R3$，$L= \lfloor x，y，z \rfloor$，这是五维光场函数中空间点的三维坐标和坐标下方向，而代表的是该数字化图像颜色信息。当三维图像模型与纹理能够由离散点集表示，离散点集如下：代表的是空间点内的位置与颜色。

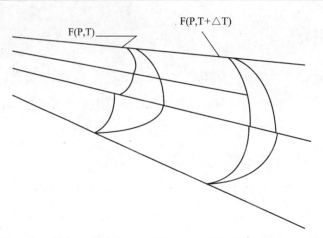

将点集按照深度进行划分，最终可以划分成多个子集，任意一个子集都可以利用散射屏幕与二维投影形成光场重构，且这种重构后的图像是三维状态的。经过研究表明，应用二维投影技术可以对切片图像实现重构，且该技术实现的高速旋转状态，重构的图像也属于三维光场范围。

（二）显示系统设计

本节以计算机视觉算法为基础，阐述图像处理技术。技术实现过程中需要应用ARM 处理装置，在该装置的智能交互作用下实现真三维显示系统，人们可以从各个角度观看成像。真三维显示系统中，成像的分辨率很高，体素能够达到 30M。与过去的旋转式 LED 点阵体三维相比，这种柱形状态的成像方式虽然可以重构三维光场，但是该成像视场角不大，分辨率也不高。

人们在三维环境中拍摄物体，需要以三维为基础展示物体，然后将投影后的物体成像序列存储在 SDRAM 内。应用 FPGA 视频采集技术，在技术的支持下将图像序列传导入 ARM 处理装置内，完成对图像的切片处理，图像数据信息进入 DVI 视频接口，并在 DMD 控制设备的处理后，图像信息进入高速投影机。经过一系列操作，最终 DLP 可以将数字化图像朝着散射屏的背面实现投影。想要实现图像信息的高速旋转，需要应用伺服电机，在电机的驱动下，转速传感器可以探测到转台的角度和速度，并将探测到的信号传递到控制器中，形成对转台的闭环式控制。

当伺服电机运动在高速旋转环境中，设备也会将采集装置位置信息同步，DVI 信号输出帧频，控制器产生编码，这个编码就是 DVI 帧频信号。这样做可以确保散射屏与数字化图像投影之间拥有同步性，该智能交互真三维显示装置由转台和散射屏构成，其中还有伺服电机、采集设备、高速旋转投影机、控制器与 ARM 处理装置，此外还包括体态摄像头组与电容屏等其他部分。

三、图像畸变矫正算法

（一）畸变矫正过程

在计算机视觉算法应用下，人们可以应用计算机处理畸变图像。当投影设备对图像垂直投影时，随着视场的变化，其成像垂轴的放大率也会发生变化，这种变化会让智能交互真三维显示装置中的半透半反屏像素点发生偏移，如果偏移程度过大，图像就会发生畸变。因此，人们需要采用计算机图像处理技术将畸变后的图像进行校正。由于图像发生了几何变形，就要基于图像畸变校正算法对图片进行几何校正，从发生畸变图像中尽可能消除畸变，且将图像还原到原有状态。这种处理技术就是将畸变后的图像在几何校正中消除几何畸变。投影设备中主要有径向畸变和切向畸变两种，但是切向畸变在图像畸变方面影响程度不高，因此人们在研究图像畸变算法时会将其忽略，主要以径向畸变为主。

径向畸变又有桶型畸变和枕型畸变两种，投影设备产生图像的径向畸变最多的是桶型畸变。对于这种畸变的光学系统，其空间直线在图像空间中，除了对称中心是直线以外，其他的都不是直线。人们进行图像矫正处理时，需要找到对称中心，然后开始应用计算机视觉算法进行图像的畸变矫正。

正常情况下，图像畸变都是因为空间状态的扭曲而产生畸变，也被人们称之为曲线畸变。过去人们使用二次多项式矩阵解对畸变系数加以掌握，但是一旦遇到情况复杂的图像畸变，这种方式也无法准确描述。如果多项式次数更高，那么畸变处理就需要更大矩阵的逆，不利于接下来的编程分析与求解计算。随后人们提出了在 BP 神经网络基础上的畸变矫正方式，其精度有所提高。本节以计算机视觉算法为基础，将该畸变矫正方式进行深化，提出了卷积神经网络畸变图像处理技术。与之前的 BP 神经网络图像处理技术相比，其权值共享网络结构和生物神经网络很相似，有效降低了网络模型的难度和复杂程度，也减少权值数量，提高了畸变图像的识别能力和泛化能力。

（二）畸变图像处理

作为人工神经网络的一种，卷积神经网络可以使图像处理技术更好地实现。卷积神经网络有着良好的稀疏连接性和权值共享性，其训练方式比较简单，学习难度不大，这种连接方式更加适合用于畸变图像的处理。畸变图像处理中，网络输入以多维图像输入为主，图像可以直接穿入到网络中，无须向过去的识别算法那样重新提取图像数据。不仅如此，在卷积神经网络权值共享下的计算机视觉算法能够减少训练参数，在控制容量的同时，保证图像处理拥有良好的泛化能力。

如果某个数字化图像的分辨率为227×227，将其均值相减之后，神经网络中拥有两个全连接层与五个卷积层。将图像信息转化为符合卷积神经网络计算的状态，卷积神经网络也需要将分辨率设置为227×227. 由于图像可能存在几何畸变，考虑可能出现的集中变形形式，按照检测窗比例情况，将其裁剪为特定大小。

四、基于计算机视觉算法图像处理技术的程序实现

基于上述文中提到的计算机视觉算法，对畸变图像模型加以确定。本节提出的图像处理技术程序实现应用到了 Matlab 软件，选择图像处理样本时以 1000 幅畸变和标准图像组为主。应用了系统内置 Deep Learning 工具包，撰写了基于畸变图像算法的图像处理与矫正程序，矫正时将图像每一点在畸变图像中映射，然后使用灰度差值确定灰度值。这种图像处理方法有着低通滤波特点，图像矫正的精度比较高，不会有明显的灰度缺点存在。因此，应用双线性插值法，在图像畸变点周围四个灰度值计算畸变点灰度情况。

当图像受到几何畸变后，可以按照上文提到的计算机视觉算法输入 CNN 模型，再科学设置卷积与降采样层数量、卷积核大小、降采样降幅，设置后根据卷积神经网络的内容选择输出位置。根据灰度差值中双线性插值算法，进一步确定畸变图像点位灰度值。随后，对每一个图像畸变点都采用这种方式操作，不断重复，直到将所有的畸变点处理完毕，最终就能够在画面中得到矫正之后的完整图像。

为了尽可能地降低卷积神经网络运算的难度，降低图像处理时间，建议将畸变矫正图像算法分为两部分。第一部分为 CNN 模型处理，第二部分为实施矫正参数计算。在校正过程中需要提前建立查找表，并以此作为常数表格，将其存在足够大的空间内，根据已经输入的畸变图像，按照像素实际情况查找表格，结合表格中的数据信息，按照对应的灰度值，将其替换成当前灰度值即可完成图像处理与畸变校正。不仅如此，还可以在卷积神经网络计算机算法初始化阶段，根据位置映射表完成图像的 CMM 模型建立，在模型中进行畸变处理，然后系统生成查找表。按照以上方式进行相同操作，计算对应

的灰度值，再将当前的灰度值进行替换，当所有畸变点的灰度值都替换完毕后，该畸变图像就完成了实时畸变矫正，其精准度较高，难度较小。

　　总而言之，随着网络技术与信息技术的日渐普及，传统的模拟图像已经被数字化图像取代，人们享受数字化图像的高清晰度与真实度，但对于图像畸变问题，还需要进一步研究图像的畸变矫正方法。在计算机视觉计算基础上，本节采用卷积神经网络进行图像畸变计算，按照合理的灰度值计算，有效提高了图像的清晰度，并完成了图像的几何畸变矫正。

第五节　计算机视觉图像精密测量下的关键技术

　　近代测量使用的方法基本上是人工测量，但人工测量无法一次性达到设计要求的精度，就需要进行多次的测量再进行手工计算，求取接近设计要求的数值。这样做的弊端在于：需要大量的人力且无法精准的达到设计要求精度，对于这种问题在现代测量中出现了计算机视觉精密测量，这种方法集快速、精准、智能等优势于一体，在测量中受到了更多的追捧及广泛的使用。

　　在现代城市的建设中离不开测量的运用，对于测量而言需要精确的数值来表达建筑物、地形地貌等特征及高度。在以往的测量中无法精准地进行计算及在施工中无法精准的达到设计要求。本节就计算机视觉图像精密测量进行分析，并对其关键技术做出简析。

一、概论

（一）什么是计算机视觉图像精密测量

　　计算机视觉精密测量从定义上来讲是一种新型的、非接触性测量。它是集计算机视觉技术、图像处理技术及测量技术于一体的高精度测量技术，且将光学测量的技术融入当中。这样让它具备了快速、精准、智能等方面的优势及特性。这种测量方法在现代测量中被广泛使用。

（二）计算机视觉图像精密测量的工作原理

　　计算机视觉图像精密测量的工作原理类似于测量仪器中的全站仪。它们具有相同的特点及特性，主要还是通过微电脑进行快速的计算处理得到使用者需要的测量数据。其原理如下。

（1）对被测量物体进行图像扫描，在对图像进行扫描时需注意外借环境及光线因素，特别注意光线对于仪器扫描的影响。

（2）形成比例的原始图，在对于物体进行扫描后得到与现实原状相同的图像，在个步骤与相机的拍照原理几乎相同。

（3）提取特征，通过微电子计算机对扫描形成的原始图进行特征的提取，在设置程序后，仪器会自动进行相应特征部分的关键提取。

（4）分类整理，对图像特征进行有效的分类整理，主要对于操作人员所需求的数据进行整理分类。

（5）形成数据文件，在完成以上四个步骤后微计算机会对于整理分类出的特征进行数据分析存储。

（三）主要影响

从施工测量及测绘角度分析，对于计算机视觉图像精密测量的影响在于环境的影响。其主要分为地形影响和气候影响。地形影响对于计算机视觉图像精密测量是有限的，基本对于计算机视觉图像精密测量的影响不是很大，但还是存在一定的影响。主要体现在遮挡物对于扫描成像的影响，如果扫描成像质量较差，会直接影响到对于特征物的提取及数据的准确性。还存在气候影响，气候影响的因素主要在于大风及光线影响。大风对于扫描仪器的稳定性具有一定的考验，如有稍微抖动就会出现误差不能准确地进行精密测量。光线的影响在于光照的强度上，主要还是表现在基础的成像，成像结果会直接导致数据结果的准确性。

二、计算机视觉图像精密测量下的关键技术

（一）自动进行数据存储

在对计算机视觉图像精密测量的原理分析，参照计算机视觉图像精密测量的工作原理，对设备的质量要求很高，计算机视觉图像精密测量仪器主要还是通过计算机来进行数据的计算处理，如果遇到计算机系统老旧或处理数据量较大，会导致计算机系统崩溃，导

致计算结果无法进行正常的存储。为了避免这种情况的发生，需要对测量成果技术进行有效的存储。将测量数据成果存储在固定、安全的存储媒介中，保证数据的安全性。如果遇到计算机系统崩溃等无法正常运行的情况时，应及时将数据进行备份存储，快速还原数据。在对于前期测量数据再次进行测量或多次测量，系统会对于这些数据进行统一对比，如果出现多次测量结果有所出入，系统会进行提示。这样就可以避免数据存在较大的误差。

（二）减小误差概率

在进行计算机视觉图像精密测量时往往会出现误差，而导致这些误差的原因主要存在于操作人员与机器系统故障，在进行操作前操作员应对于仪器进行系统性的检查，再次使用仪器中的自检系统，保证仪器的硬件与软件的正常运行，如果硬软件出现问题会导致测量精度的误差，从而影响工作的进度。人员操作也会导致误差，人员操作的误差在某些方面来说是不可避免的。这主要是对操作人员工作的熟练程度的一种考验，主要是对于仪器的架设及观测的方式。减少人员操作中的误差，就要做好人员的技术技能培训工作。让操作人员有过硬过强的操作技术，在这些基础上再建立完善的体制制度。利用多方面进行全面控制误差。

（三）方便便携

在科学技术发展的今天我们在生活当中运用到东西逐渐在形状、外观上发生巨大的变大。近年来，对于各种仪器设备的便携性提出了很高的要求，在计算机视觉图像精密测量中对设备的外形体积要求、系统要求更为重要，其主要在于人员方便携带可在大范围及野外进行测量，不受环境等特殊情况的限制。

三、计算机视觉图像精密测量发展趋势

目前我国国民经济快速发展，我们对于精密测量的要求越来越高，特别是近年我国科学技术的快速发展及需要，很多工程及工业方面已经超出我们所能测试的范围。在这样的前景下，我们对于计算机视觉图像精密测量的发展趋势进行一个预估，其主要发展趋势如下。

（一）测量精度

在我们日常生活中，我们常用的长度单位基本在毫米级别，但在现在生活中，毫米

级别已经不能满足工业方面的要求，如航天航空方面。所以提高测量精度也是计算机视觉图像精密测量发展趋势的重要方向，主要在于提高测量精度，在向微米级及纳米级别发展，同时提高成像图像方面的分辨率，进而达到我们预测的目的。

（二）图像技术

计算机的普遍对于各行各业的发展都具有时代性的意义，在计算机视觉图像精密测量中运用图像技术也是非常重要的，同时工程方面遥感测量的技术也是对于精密测量的一种推广。

在科技发展的现在，测量是不可缺少的一部分，测量同时也影响着我们的衣食住行，在测量技术中加入计算机视觉图像技术是对测量技术的一种革新。在融入这种技术后，相信在未来的工业及航天事业中计算机视觉图像技术能发挥出最大限度的作用，为改变人们的生活作出的贡献。

第六节　计算机视觉技术的手势识别步骤与方法

计算机视觉技术在现代社会中获得了非常广泛的应用，加强对手势识别技术的研究有助于促进社会智能化的快速发展。目前，手势识别技术的实现需要完成图形预处理、手势检测和场景划分以及手势识别。此外，手势特征可以分为动态手势以及静态手势，在选用手势识别方法时要明确两者之间的区别，通常情况下选用的主要手势识别技术有运用模板匹配的方法、运用 SVM 的动态手势识别方法以及运用 DTW 的动态手势识别方法等。

随着现代科学技术水平的不断发展，计算机硬件与软件部分都获得了较大的突破，由此促进了以计算机软硬件为载体的计算机视觉技术的进步，使得计算机视觉技术广泛地应用到多个行业领域中。手势识别技术就是其中非常典型的一项应用，该技术建立在计算机视觉技术基础上来实现人类与机器的信息交互，具有良好的应用前景和市场价值，吸引了越来越多的专家与学者加入到手势识别技术的研发中。手势识别技术是以计算机为载体，利用计算机外接检测部件（如传感器、摄像头等）对用户某些特定手势进行精准检测及识别，同时将获取的信息进行整合并将分析结果输出的检测技术。这样的人机交互方法与传统通过文字输入进行信息交互相比较具有非常多的优点，通过特定的手势就可以控制机器做出相应的反馈。

一、基于计算机视觉技术的手势识别主要步骤

通常情况下，要顺利的实现手势识别需要经过以下几个步骤。

第一，图形预处理。该环节首先需要将连续的视频资源分割成许多静态的图片，方便系统对内容的分析和提取；其次，分析手势识别对图片的具体要求，并以此为根据将分割完成的图片中的冗余信息排除掉；最后，利用平滑以及滤波等手段对图片进行处理。

第二，手势检测以及场景划分。计算机系统对待检测区域进行扫描，查看其中有无手势信息，当检测到手势后需要将手势图像和周围的背景分离开来，并锁定需要进行手势识别的确切区域，为接下来的手势识别做好准备。

第三，手势识别。在将手势图像与周围环境分离开来后，需要对手势特征进行分析和收集，并且依照系统中设定的手势信息识别出手势指令。

二、基于计算机视觉的手势识别基本方法

在进行手势识别之前要完成手势检测工作，手势检测的主要任务是查看目标区域中是否存在手势、手势的数量以及各个手势的方位，并将检测到的手势与周围环境分离开来。现阶段实现手势检测的算法种类相对较多，而将手势与周围环境进行分离通常运用图像二值化的办法，换言之，就是将检测到手势的区域标记为黑色，而周边其余区域标记为白色，以灰度图的方式将手势图形显现出来。

在完成手势与周围环境的分割后，就需要进行手势识别，该环节对处理好的手势特征进行提取和分析，并将获得的信息资源代入到不同的算法中进行计算，同时将处理后的信息与系统认证的手势特征进行比对，从而将目标转化为系统已知的手势。目前，对手势进行识别主要通过以下几种方法进行。

（一）运用模板匹配的方法

众所周知，被检测的手势不会一直处于静止状态，也会存在非静止状态下的手势检测，相对来说动态手势检测难度较大，与静态手势检测的方式也有一定的区别，而模板匹配的方法通常运用在静止状态下的手势检测。这种办法需要将常用的手势收录到系统中，然后对目标手势进行检测，将检测信息进行处理后得到检测的结果，最后将检测结

果与数据库中的手势进行比对，匹配到相似度最高的手势，从而识别出目标手势指令。常见的轮廓边缘匹配以及距离匹配等都是基于这个方法进行的。这些办法都是模板匹配的细分，具有处理速度快、操作方式简单的优点，然而在分类精确性上比较欠缺，在进行不同类型手势进行区分时往往受限于手势特征，并且能够识别出的手势数量也比较有限。

（二）运用 SVM 的动态手势识别方法

在 21 世纪初期，支持向量机（Support Vector Machine，SVM）方法被发明出来并获得了较好的发展与应用，在学习以及分类功能上都十分优秀。支持向量机方法是将被检测的物体投影到高维空间，同时在此区域内设定最大间隔超平面，以此来实现对目标特征的精确区分。在运用支持向量机的方法来进行动态手势识别时，其关键点是选取适宜的特征向量。为了逐步解决这样的问题，相关研发人员提出了利用尺度恒定特征为基础来获得待检测目标样本的特征点，再将获得的信息数据进行向量化，最后，利用支持向量机方法来完成对动态手势的识别。

（三）运用 DTW 的动态手势识别方法

动态时间规整（Dynamic Time Warping，DTW）方法，最开始是运用在智能语音识别领域，并获得了较好的应用效果，具有非常高的市场应用价值。动态时间规整方法的工作原理是以建立可以进行调整的非线性归一函数或者选用多种形式不同的弯曲时间轴来处理各个时间节点上产生的非线性变化。在使用动态时间规整方法进行目标信息区分时，通常是创建各种类型的时间轴，并利用各个时间轴的最大程度重叠来完成区分工作。为了保证动态时间规整方法能够在手势识别中取得较好的效果，研究人员已经开展的大量的研发工作，并实现了 5 种手势的成功识别，且准确率达到了 89.1% 左右。

通常情况下许多手势检测方法都借鉴人们日常生活中观察目标与识别目标的思路，人类在确认目标事物时是依据物体色彩、外形以及运动情况等进行区分，计算机视觉技术也是基于此，所以在进行手势识别时要加强人类识别方法的应用，促使基于计算机视觉技术的手势识别能够更快速、更精准。

第七节　计算机视觉的汽车安全辅助驾驶技术

随着近年来人们生活水平的上升和民用汽车的使用率不断提高，交通事故的发生率也在不断提升，如何进行安全驾驶和安全出行已经是人们讨论的焦点问题，随着安全辅助驾驶技术的应运而生，加之从计算机视觉的角度出发，对汽车安全辅助驾驶技术进行了优化，通过研究分析汽车驾驶中出现的而又可以进行避免的交通事故，降低交通事故的发生率，给汽车安全驾驶提供一定的保障，使安全辅助驾驶技术得到创新和升级。

我国民用汽车的使用量也在逐步上升，促进了后续汽车市场的发展和创新，汽车保养和汽车维修以及美容等汽车项目陆续出现，汽车安全辅助驾驶技术随之出现，如何降低交通事故的发生率是一个值得研究和探讨的问题，通过主动安全方式将汽车驾驶的辅助功能进行优化和改善，提高驾驶汽车的安全性和稳定性。安全辅助装置主要是指通过采用有效的装置降低汽车交通事故的出现和发生，提高驾驶员的行驶途中的安全性。通过高效和科学的方式能够有效地降低交通事故的出现。传统的安全设置辅助系统已经不能满足现阶段的需求，通过对道路和汽车等方面进行智能检测和分析的方式，利用计算机技术提高汽车安全辅助驾驶的高效性。

一、汽车安全辅助驾驶的重要性

（一）运用汽车安全辅助驾驶意义

汽车速度和效率的不断提升和驾驶员的驾驶技术提升，以及人们汽车使用率的不断增加，给道路交通安全带来了一系列的问题。如何通过有效的方式降低汽车道路危害，提高驾驶员的安全性和稳定性，是汽车生产制造商和交通管理部门一直所研究的问题。驾驶员在驾驶途中的不规范和不严格的驾驶行为给道路的交通事故的发生造成了负面影响，一系列的交通事故惨案和人员的伤亡给人们的生命财产造成了一定的威胁。驾驶员疲劳驾驶、酒后驾驶等因素导致了交通事故出现的高发生率。不合规定的驾驶行为是驾驶员对自身和他人生命的不负责，给路上的行人和驾驶人带来了重大的安全隐患。降低汽车驾驶的事故发生率，需要驾驶人员对自身进行严格约束和管理，提高安全驾驶的责任意识，还需要加强汽车安全驾驶的技术和研发。运用汽车安全辅助驾驶技术可以通过科学技术的方式和控制降低交通事故的发生，不断升级和创新安全辅助驾驶技术能够有效地提升人民的生命安全质量。

（二）计算机视觉下运用安全辅助驾驶技术

计算机视觉下采用安全辅助驾驶技术能够有效地降低交通事故的发生率，通过科学技术的监测和控制对汽车的运行和使用状态进行管理，在汽车出现问题时能够通过科学的方式和手段提醒驾驶人，减低交通事故的出现，便于驾驶人对周围事物和环境的感知情况，分析和判断当时环境的隐患，便于驾驶人及时有效地采取措施进行解决。传统的安全辅助系统具有一定的局限性，只能在事故发生时起到安全辅助作用，降低驾驶人员的损伤和事故发生的严重性。计算机视觉的安全辅助驾驶系统可以通过科学技术的方法加强对周围事物和环境的感知和监测，提高驾驶员的驾驶安全性，在事故发生前及时的警示驾驶人，提高驾驶安全性和稳定性，能够有效地降低交通事故的发生率和提高驾驶人的生命安全质量。

采用计算机技术，通过图像环境的识别技术能够高效的描述周围事物的景象和完整性，根据人的习惯行为对环境进行展现。传统的激光和雷达技术具有一定的局限性，在距离和信息传输时存在误差。通过图像识别技术和传感器技术运用在汽车的行驶导航中，能够有效地对障碍物和其距离进行有效的判断和检测。汽车安全辅助驾驶系统能够通过对外界环境的感知和人机交互的能力结合运用，是具有一体化和强大能力的系统。现阶段，对于无人汽车系统的研究在逐步开展，安全辅助系统能够有效地降低驾驶员的自身安全和对人员造成的损伤，有效的缓解交通压力和降低交通事故的发生率。

二、计算机辅助安全辅助驾驶技术分析

（一）目标识别技术

目标识别技术是计算机安全辅助驾驶系统的重要核心部分，它能够给系统的监测和决策提供分析和参考。由于道路交通存在一定的复杂性和多变性，需要对目标进行高准确度的判断和分析，通过实时的识别提高决策的准确和严谨。本节主要的识别目标包括车辆、行人、车牌和车标。目标识别主要包括传统目标识别方法和基于深度学习的目标识别方法。

传统的目标识别技术主要是通过将原始的图像进行识别和分析，再采用手工分析其特征的方式对其进行分析和解释，最后再将分类器进行数据的导入和设计。且由于事物的变化多样性和在采纳图像时会受到光线和噪音的干扰等影响，对于信息的采取和识别上会存在一定的误差和不准确性，不便于对图像信息进行分析。因此在对图像进行识别时，要通过将目标图像的内容中其他背景信息进行预先处理，主要的处理方式为图像灰度化和图像滤波等方式，手工提取图像特征一般是根据图像的多种特征进行分析，并将其分析选择符合程度最高的一种，在选取时应该具有显著的差异性和可靠性，有利于进行高效的分类。

（二）目标测距技术

现阶段安全辅助驾驶系统中主要采用对目标测距的技术为：超声波、激光、机器视觉的测距。超声波的测距方法主要是根据超声波的传输时间进行判断，对目标的障碍物进行测量，这种方式计算原理较为简单和便捷，且成本较低，能够较高程度地对目标距离进行测量，激光的测距方式主要是通过一种仪器，将光子雷达系统运用其中，对目标范围进行测量，主要可以分为成像式和非成像式两种方式，其具有测量范围广泛和准确度较高等优势。成像式激光测距方式主要是通过扫描的机器对激光发射的方向进行控制，通过对整个环境的扫描和分析从而得到目标的三维立体数据；非成像激光测距方式主要是根据光速的传播时间和速度来确认与目标之间的距离。机器视觉下进行测量距离主要是单目的测距和双目的测距。单目测距的方式在成本上具有一定的优势，但是在精准度上弱于双目的测距。

三、计算机视觉在驾驶状态检测中的应用

汽车安全辅助驾驶技术主要是指通过安装智能的安全检测系统对汽车驾驶起到安全辅助的作用。智能安全检测系统主要是通过科学技术的感应装置和智能检测对汽车的驾驶途中的运行状态进行分析，系统通过检测对行驶中产生的意外问题进行及时有效的报警，比如汽车出现意外性的偏移、行驶途中与附近的车辆距离过近、周围有危险的障碍物等情况。采用警报的方式提醒驾驶员，在情况焦急和危险时，有效的采用智能的解决措施对汽车进行部分合理地控制，降低事故的发生概率。目前在智能汽车安全辅助驾驶中，对于车道偏移安全区域、智能控制距离和周围障碍物的检测评估，以及对驾驶员的

行驶状态辨别和车速的控制管理等，在采用计算机视觉技术之前，汽车安全驾驶辅助系统主要是通过对驾驶的状态进行智能检测，但是具有一定的局限性和不准确，只是单纯地停留在对参照物的反应，比如在对汽车行驶的路程偏移、驾驶的时间计算和遇到障碍物的反映情况等。没有准确高效的判断系统和程序对驾驶员的驾驶状态进行检测。

计算机视觉的采用能够高效地对驾驶员的监测状态进行控制，通过对驾驶员的驾驶状态的面部状态进行智能和高效的识别，分析和判断驾驶员的行驶状态，确认是否存在疲劳驾驶和酒后驾驶等不安全驾驶行为。计算机视觉下汽车安全辅助技术能够有效地提高驾驶的安全性，通过对人体的行为和面部表情的控制和分析，使驾驶员的智能判断得到提升，使汽车辅助安全技术在驾驶中发挥作用和效果。

四、对未来安全驾驶辅助系统的展望

在未来的安全驾驶中会更多的应用计算机等高科技技术，提高智能安全驾驶的有效性，通过计算机的准确和智能化，提高驾驶员的高效驾驶和安全性，降低交通事故发生概率和安全隐患的出现。

（一）运用单片机设计的驾驶安全辅助系统

科学技术和智能化的普及应用，大大提高了人们生活水平和智能化。在汽车的行驶中，会产生各种多样性的问题，遇到的问题驾驶员可能会产生突然的茫然和不知所措，不能及时有效的作出反应和应对措施。比如疲劳驾驶和酒后驾驶中，采用单片机辅助系统对汽车长时间的驾驶进行有效检测，汽车内产生的有害物质和气体，驾驶员不遵守交通规则和疲劳驾驶能够实时有效的检测和警报，高效的提供监测反馈报告。例如在车内有害气体上升时，可以通过警报的方式提醒驾驶员进行开窗、驾驶员酒驾等不良驾驶行为，车上有小孩或者等贵重物品遗留时可以通过报警的方式提醒驾驶员。

（二）防碰撞安全辅助装置系统

驾驶员在日常驾驶中，尤其是在高速公路高速行驶时，会突发性的产生驾驶问题，特别是汽车在高速行驶时，驾驶员不注意的行为都会导致事故的发生，很多突发性的事故是难以避免的，驾驶员在驾驶时的预防措施难以预防，在遇到紧急情况和异常情况时，人的反射系统和反应会有一定的延迟，但是汽车在运动中也会产生相应的惯性运动致使车辆不能及时的停止，最终导致车辆和人员都受到不同程度的损伤。汽车驾驶防碰撞系统主要是将计算机和智能系统装置在汽车上，计算机的反应速度和数据信息丰富，对于突发性的事件反应时长比人类快，可以通过系统程度的设置对突发问题进行控制，采取有效正确的措施对汽车进行控制，降低交通事故的发生情况。

（三）智能交通安全驾驶系统

通过智能交通安全系统，可以将道路行驶和人与车相结合，采用高科技的技术提高行驶和道路的实时监测，加强驾驶员在行驶路程中的感知能力和监测，通过实时的监控数据，将道路的情况和车辆的信息进行分析，确认是否存在安全隐患等问题，提醒和告知驾驶员，降低交通事故的出现，有利于及时采取有效的措施对危险问题进行预防和控制，提高安全辅助驾驶技术。

综上所述，计算机视觉技术可以通过智能安全辅助系统对驾驶员的驾驶状态进行智能判断和分析，通过实践和数据分析的方式，可以及时高效的判断驾驶员的行驶状态和面部特征，提前做好预防措施，降低交通事故的出现和发生率，提高汽车安全辅助驾驶技术的高效性和稳定性。

第五章　计算机网络安全管理技术

第一节　计算机网络安全管理存在的问题

随着网络化数字化的全方位应用，信息技术已经渗透到了我们工作学习生活以及娱乐的各个方面。计算机网络及互联网技术在给我们带来更大便利的同时，其本身所特有的安全风险，如计算机病毒、木马程序、恶意插件等也在越来越多地干扰着我们正常生活，在某些时候给我们带来的危害和经济损失甚至远远超过了以往。所以，加强计算机网络安全管理，找到有效提升网络安全管理风险防控质量的办法，是当前工作的主要重点。本文从计算机网络安全管理现状分析入手，结合当前管理中存在的不足与问题，提出若干可供参考的改善意见和建议。

计算机网络已经全面渗透到了我们工作、生活、娱乐以及学习的各个方面，我们不仅享受着计算机技术带给我们的各种便利，同时也通过互联网平台不断开阔眼界、丰富知识与见闻。进入网络时代以来，计算机网络技术所表现出的社会发展推动力是过去任何时期所不能比拟的，令人欣喜。但在我们享受优越和便利的同时，也不能忽视计算机网络其本身可能存在的诸多安全管理隐患，如木马、病毒、恶意插件、黑客，等等。这些随着网络时代而出现的新风险往往会表现出比过去任何管理风险和漏洞都更加严重的破坏力。所以，探寻风险、研究应对措施，增强计算机网络安全管理工作水平刻不容缓。

一、计算机网络安全管理现状

计算机网络安全管理几乎是同计算机网络出现而一起出现的，但是经过数十年的发展演变，计算机网络安全问题仍然存在着，并正在跟随计算机网络技术的不断发展而变化着。为了确保计算机网络的安全与可靠，各种风险防控手段及管理技术也层出不穷。

但从实际管理情况来看，网络安全事件仍然屡禁不止，几乎每天都在发生因为计算机网络安全问题而导致的经济破坏与个人、机构乃至国家的财产损失。所以，加强计算机网络安全管理不仅是现在的一项重要工作，也将是一直延续到未来的重要课题。

二、计算机网络安全问题

无论是企业还是其他性质的机构及单位，计算机及互联网技术的应用都为其带来了超越过去的管理效能提升与管理质量提升，但是在享受便利的同时，人们也感受到了网络安全问题所带来的严重打击，数据丢失、篡改、删除，不仅会打乱正常的管理秩序，甚至会因此遭受严重的经济破坏。计算机网络安全问题频发主要是由以下几方面原因造成。首先，管理意识的不足。计算机网络安全管理不同于传统的线下管理与约束，传统线下管理真实可感，能够通过管理者的巡查与监督来实现，但计算机网络安全是基于对虚拟网络及数据监控加以实现，对固有的传统管理观念来说可谓是一大冲击，而失去了真实可感的管理环境和可被直观察觉的风险与漏洞，许多企业及机构管理者不仅无法有效察觉问题所在，同时也对解决问题的方法知之甚少。其次，管理制度的缺失。管理制度是遵循管理者意愿以及对管理环境和管理需求的正确分析解读而编制的，但在管理者缺乏对计算机网络安全正确和积极认识的背景下，管理制度的缺失就可想而知了。再次，对管理人员的约束与激励不足。计算机网络安全管理是一项专业化系统化工作，并非能熟练操作计算机及相关软件的一般工作人员所能胜任。但是就目前管理现状而言，能够配备专业且专职的计算机网络安全维护及管理人员的企业仍然不在多数，多数企业及机构该部分工作沿用着服务外包的形式。虽然服务外包能够解决企业及机构本身专业人员不足的问题，同时降低人才培养成本，能够直接享受专业化维护及网络安全管理服务，但是也同样存在着服务与需求不符、风控反应力不足以及其他工作纠纷与矛盾冲突等诸多问题。所以，可以说不具备真正属于自己的专门人才，无法对安全管理及风险问题进行及时有效处理，也是当前计算机网络安全管理问题频发的一个主要原因。此外，在人员绩效考核与监督约束方面，因为专业知识不足和工作要点不清，也让监督约束难以发挥实际功效。此外，计算机硬件的管理及保管场所、条件，也会给计算机网络安全带来一定影响。如自然气候恶劣、地磁影响以及空气湿度等，不仅影响设备本身维护与管理，同时也对储存及运转其中的数据造成极大威胁。

三、加强计算机网络安全管理的重要性

随着信息技术的发展，网络技术应用已经全面渗透到了我们的工作、生活、娱乐及其他方方面面。从理论上来说，网络是开放性的，其中的各种数据信息是能够通过网络平台与信息查找无条件共享的。而就在这快捷高效的计算机网络时代，加强计算机网络安全的重要性也被越来越多人所重视。首先，计算机网络安全管理不仅只是一个行业或一家企业的重要工作，如果网络安全管理工作出现问题，企业信息甚至能够被企业外、行业外乃至国家以外的其他人所获取，信息泄露对企业带来的危害不言而喻。首先，加强计算机网络安全管理就是一家企业在充分应用计算机技术拓展业务与生产过程中应该关注的首要问题。其次，随着计算机系统功能的强大、覆盖面的扩大，其安全管理工作的难度也在不断加大，各大病毒查杀软件研发公司几乎每天都能发现新的病毒和木马程序，也几乎每天都在更新查杀软件升级补丁。就算如此，也几乎每天都会在世界各地听到新型病毒侵害电脑给个人或企业甚至政府造成极大损失的新闻。网络时代，并不像我们普通人所以为的那样轻松和安逸。计算机网络安全管理这根弦必须时刻紧绷着，才能确保个人、企业乃至国家在信息技术发展及应用道路上少遇风险收益受损。再次，计算机网络安全管理不仅仅只是一个部门或某些专家学者的工作，它涉及我们每一个人。而在当前时期，人们在日常生活工作当中仍然习惯性只关注信息技术所带来的便捷与高效，对于如何加强安全管理与危机防范的意识仍然比较薄弱。尤其是某些企业管理层的不重视，直接导致了自身的网络安全管理质量低下，最终招致惨痛教训。最后，加强计算机网络安全管理的重要性更在于意识的确立，明确自身行为对整个计算机网络安全管理所可能造成的各种影响，并重视的基础之上增强实践经验与理论知识的学习，从个人做起，增强网络安全管理质量。

四、计算机网络安全管理对策研究

前文我们对当前计算机网络安全管理工作的现状以及导致安全问题及风险频发的原因进行了简要梳理和分析。可以说，计算机网络安全管理想要获得实质性的提升，不仅需要转变管理意识，必须落实在具体的问题防控上面，同时还需要不断强化人才队伍培养及激励约束机制建设，从而掌握计算机网络安全管理的主动权。

(一) 计算机网络安全环境建设

计算机网络安全管理环境主要分为管理环境与物理环境两个方面。管理环境建设是指管理意识、言行规范以及员工对管理工作配合度的提升。物理环境主要是针对计算机设备、网络设备及其他硬件设备的物理保护环境建设与升级。

(二) 管理环境

在明确计算机网络安全管理对自身的重要性和突出意义之后，必须重点加强具体知识的学习与掌握，从而确保管理工作更具方向性与针对性，避免管理与需求脱节情况发生。此外，管理层应以身作则，配合各项管理制度，带动全体人员共同参与。最后，要经常性开展网络安全及风险防控教育宣传活动，从自身工作需求出发，树立安全防范意识并掌握基本的安全防控知识，增强对重要数据、信息安全保护的积极意识，增强对非法链接、异常数据的防范意识，避免成为黑客利用非法手段入侵网络与电脑系统的中介，切实提升安全防范能力与责任感。促进网络安全管理环境的积极建设。

(三) 物理环境

计算机网络和互联网技术都必须依托强有力的硬件设备与储存设备体系，而设备的维护也是网络安全管理的重要一环。首先，要重视设备存放的地点选择，避开恶劣气候和异常地形地貌，选择开阔平坦的地方作为设备存放点。其次，要加强设备及仪器存放点的环境维护，加强水火防范，同时加强安保层级，避免人为或外力因素造成的设备损毁。

五、有针对性的风控制度建设

计算机网络安全问题种类繁多，想要切实削弱众多风险隐患就必须分门别类进行针对性的防控手段应用与管理制度建设。

(一) 访问权限风险防控

计算机网络是各项数据储存与调阅的相对公开的平台，权限设置则是为了避免访问者越级访问，保护机密信息不被泄露和篡改等。访问权限设置应当以实名制为基础，根据具体需要切实采取权限加密、访问入口控制、生物特征控制等多种手段进行授权与控制。

（二）加强日常防护

计算机网络安全问题严重之处在于数据泄露、遗失及破坏所带来的严重影响，尤其是在常规环境下，最易出现的安全问题便是因为设备损坏、软件故障、系统错误等造成的数据遗失和损毁。所以，加强数据的日常备份与定期恢复对此类安全管理问题的解决有显著效果。

（三）升级防火墙与病毒查杀能力

在联网状态下，外来入侵造成的网络安全问题十分棘手，针对此类问题，应当首先加强防火墙的定期维护与升级，避免网络数据的随意传输及各个网络之间的随意访问而造成数据泄露。其次要加强病毒查杀软件的更新与维护，确保病毒数据库能够第一时间查杀最新病毒，避免网络安全遭受破坏。此外还应当重视的一个问题是及时升级自身的计算机应用系统和相关软件。因为软件或系统版本过低或让一些查杀软件无法有效运行，从而给网络病毒和木马程序等以可乘之机。

（四）重视关键数据加密及故障恢复

网络时代的数据产生及传输都是海量级的，我们并不是每一个数据都重要，也并不是每一个数据都需要收集整理，而是必须针对关键性数据进行重点保护与加密。关键数据加密的目的是为了防止关键数据被盗取或修改，是防范黑客攻击与木马程序的重要手段，而数据加密程序的使用过程中也必须重点考虑加密的安全性和实际操作的可行性之间的平衡。网络数据常常会因为外力原因或程序本身的原因以及人为原因出现损毁，数据损毁在网络时代的危害是不可估量的，对于企业或机构而言，重要数据的损毁极有可能导致自身运作系统的失灵乃至更为严重的打击。所以，数据损毁修复及故障排查工作十分重要。具体来说，主要应通过定期数据备份、定期设备及软件运转正常率筛查等手段来提升数据保护与及时恢复，避免企业或机构因此蒙受无谓的损失。

（五）加强专业化人才队伍培养

服务外包是许多企业及机构进行计算机网络安全管理及日常维护的常用手段，目的是为了节省管理精力以人力财力成本，但是前文中也提到一味追求外包的省时省力，往往也会带来不够省心的结果。所以，积极引入专门的计算机安全管理人才和加强人才的教育培养，打造一支属于自己的计算机网络安全管理高素质专业化团队，才能够实现企业实际管理需求最大限度的满足，也才能够实现管理成本的最小化支出，达到事半功倍的管理效果。而在约束激励机制等辅助机制建设方面也要不断改革与跟进，引入平衡记分卡绩效考核机制与多元化激励机制，稳定工作人员情绪、提升工作积极性与主动性，为维护计算机网络安全、提升管理质量做出贡献。

计算机网络安全管理是自计算机网络技术出现以来就备受关注的重要问题，其工作具有十分突出的长期性与复杂性以及系统性。加强计算机网络安全管理必须从制度、意识、教育等诸多方面入手，同时也不能仅限于某个范围，要将安全防范意识投射到更为宽广的网络环境当中，从而增强整个网络环境的安全等级，为每一个网络用户打造更安全可靠的网络环境。

第二节　计算机网络安全管理要点

随着信息技术的发展，计算机网络技术、网络广泛覆盖社会的各个领域，广泛应用到人们的日常生产生活中，现今政府、企事业人事管理、薪酬发放以及各种交易都与计算机网络密切相关，而计算机网络的安全问题也随之得到了人们的重视。信息网络时代下，加强对计算机网络的安全管理显得越来越重要。对此，本节从计算机网络安全的主要隐患出发，就计算机网络安全管理要点展开探讨，以确保计算机网络的安全。

计算机网络的安全问题之所以被人们广泛关注，是因其一旦受到攻击，轻则丢失数据，用户无法正常使用计算机，重则给用户带来财产损失。为了避免计算机网络安全被攻击现象的发生，保障计算机网络安全，为用户创造安全、稳定、可靠的环境，结合当前实际采取必要管理措施是极有必要的。

一、计算机网络安全存在的主要隐患

随着我国经济的迅猛发展，计算机网络安全问题不仅在工作领域中频繁发生，更出现在生活领域，导致人们常常遭受到计算机网络安全的威胁。通过网络漏洞，黑客盗取私密文件、资料等，导致人们的隐私、人身及财产安全受到严重威胁，甚至对国家安全造成威胁。我国计算机网络安全问题出现的主要原因是不熟悉计算机网络，对计算机自身的功能及作用不是十分了解。人们在享受计算机的运用给生活带来巨大便利的同时，还应面对计算机使用带来的不安全感。随着计算机的普及，学校、医院等都使用计算机进行管理，政府部门也借助计算机网络开展办公，对此管理好计算机网络，避免计算机网络出现安全问题十分重要。此外，网络建设基础差、防范意识薄弱等也会给计算机网络带来巨大的安全隐患。

二、计算机网络安全管理要点

（一）及时检查并修补漏洞，为计算机网络安全运行提供保障

需要加强对计算机漏洞的扫描，发现漏洞就必须要及时进行修补。需要注意的是，不仅仅是需要及时的更新系统漏洞补丁，对于系统中所使用的软件的漏洞补丁也需要及时更新。在此基础上，还需要注意对计算机系统管理与扫描，要确保计算机软硬件上的安全，要确保文件权限设置、用户设置以及密码设置等各种安全性设置都是安全有效的，并且需要及时的改进与修复安全隐患。同时，还需要做好数据库的扫描工作，及时更新升级数据库，增强数据库的安全性能，确保账户授权、用户设置、密码以及口令等都符合安全规范。

（二）运用防火墙技术，避免遭受网络攻击

在计算机网络管理中，需要从工作的需要出发，将改善计算机网络安全性以及可靠性作为出发点，合理地使用防火墙技术，确保计算机网络的安全，尽可能地避免计算机网络遭受到攻击。具体的策略是在计算机内部以及外部，或者是在任意两个网络之间建立起安全控制点，对进入网络的信息进行筛选与检测，对于不符合条件的信息则不允许其进入网络，只有符合要求的、安全的信息才允许其进入到网络中。也即是在计算机网络的运行与管理中，利用对信息的鉴别、筛选、控制，预防网络受到恶意的攻击，为计算机网络安全提供保障。

（三）利用网络入侵检测技术预防黑客攻击

通过网络入侵检测技术能够及时地发现并抵御黑客的网络攻击，让计算机网络能够

得以安全地运行。同时入侵检测技术还可以增强安全管理的预见性，有效地提前预防并控制安全问题，并针对各种可疑活动进行及时的处理。在入侵检测的过程之中如果发现了安全隐患，管理人员必须立刻采用技术手段来拦截与阻击安全隐患，这将有助于计算机网络的安全运行。

（四）利用有效地加密技术确保网络信息资源安全性

计算机网络安全隐患来支援多个方面，不仅是有黑客攻击、病毒等，同时还可能是来自于网络内部的数据库中。例如部分不法分子在非法窃取了用户账号与相应密码的时候，就可以对数据库进行越权使用，对其中的数据资源进行随意的窃取，或者是任意篡改其中的信息。为了能够预防这种情况，确保数据库中数据信息的安全，为合理利用计算机网络信息资源提供良好的条件，在管理过程之中必须要根据实际情况来选取合适的加密技术对数据库中的数据信息进行加密。具体来讲就是从数据库和计算机网络资源的管理需要出发，设置合适的密码。用户只有通过密码，并且在通过了系统的审核之后，才可以对相应的数据库进行访问，从其中获取所需要的信息资料。从而避免越权访问的情况出现，预防数据信息被篡改，为计算机网络安全提供保障。

（五）采用分权分域管理

简单来讲，分权分域管理就是利用角色与流程节点控制，强化用户角色权限的设置，当不同的用户在使用同一字段时，其可选择项以及查询结果都会不通过。在一个流程之中不同流程节点所能够看到的表单以及所可以采取的操作都是不同的，分域则是通过系统功能单来进行控制。在进行分权分域管理时，更加具体的组织架构，决定了用户所可以使用的菜单以及功能。利用分权分域管理，可以让公共部门的员工通信时都通过FTP 服务器来进行，通过这样的方式可以有效地监督通信，预防信息被泄露。

（六）构建云计算数据中心

云计算环境下计算机网络中保存了海量的信息机用户，而随着计算机网络用户的爆炸式增长无形中加大了网络安全的危险系数，因此构建完善的云计算数据中心极为有必要，通过对于海量的用户以及相关信息统一进行管理、处理，确保用户网络行为安全性得到最大限度的保证。此外，在构建云计算数据中心时，还应加大对研发人员对数据容纳空间的设计以及数据信息加密处理的重视。

如今计算机网络已经成为学习、生活、工作中所必不可少的一部分，其适用范围越来越广泛，但是在使用的过程之中仍然存在着很多需要注意的安全隐患，特别是各种网络内部信息，如果出现重要信息被泄露的情况，必然会产生较为严重、不良的影响。因此，在使用计算机网络的过程之中最重要的是及时对其进行安全管理，只有提升了计算机网络安全管理水平，才可以有效地促进计算机网络在各个领域之中的安全应用。

第三节 高校计算机网络安全管理

近几年计算机技术在我国的发展非常迅速，很多领域都开始使用计算机技术。我国各个高校使用计算机的比例也呈现逐年增长的模式，高校管理人员通过计算机对高校的信息进行管理，高校的老师通过计算机进行教学，而高校学生通过计算机进行学习。但是高校计算机网络安全问题越来越严重，下面就一起来探讨一下高校计算机网络安全管理中存在哪些问题，并找到具体的解决对策。

近几年我国高校的信息化建设越来越好，计算机在高校中的使用频率越来越高，而多数高校都遇到了计算机网络安全管理的问题，各个高校需要找到解决方案，只有这样才能确保高校计算机网络的安全管理。

一、保护计算机网络信息管理及采取防护措施的重要性

利用计算机网络技术能够实现快速传递信息的目的，并且计算机网络技术能够集中处理高校的数据信息，在现如今这个信息化的社会，计算机网络的飞速发展使高校的信息管理效率得到很大的提升。但通过计算机网络技术对高校信息进行管理的过程中信息的安全问题也非常重要，不管是高校，还是相关的企业单位在利用计算机网络技术进行信息管理的过程中都可能发生信息泄露的情况。所以采取一定的计算机网络信息安全防护措施是非常有必要的，只有这样才能将计算机网络信息管理的安全性提高上来，从而将一个安全的网络环境还给用户。

二、高校计算机网络安全管理中存在的几大问题

（一）来自网络病毒的威胁

现如今这个社会属于计算机网络世界，计算机病毒越来越多网络病毒的危险性对高校计算机网络安全管理有着非常严重的影响。高校信息化管理中计算机占有非常重要的位置，高校计算机管理的信息与高校的师生有着直接的关系，如果高校计算机受到病毒的侵害，就会发生信息流失的现象，从而为高校的校园管理带来巨大的隐患，而病毒一般是隐藏在计算机文件中，如果病毒被激活，就会导致计算机不能正常运行下去。

（二）来自黑客入侵的危害

计算机飞速发展的同时计算的功能也越来越多，同时计算机黑客技术也在慢慢发展，高校计算机运行过程中受到黑客的入侵，就会使高校计算机里面的重要信息被偷窥，严重的情况下会使网络瘫痪，从而造成高校计算机不能进行正常的工作，所以高校计算机管理人员一定要注意自己的使用方式，尽量避免发生网络黑客入侵的情况。

（三）网络安全意识的问题

高校计算机使用人员在使用计算机过程中不具备一定的网络安全意识，没有将相应的防范措施处理好，尤其是高校学生的网络防范意识比较差，使计算机网络安全隐患出现。高校学生在使用计算机时经常因为好奇将不知来源的文件打开，但他们并不知道这些文件中可能就存在网络病毒。高校学生的网络安全意识差还表现在其使用计算机杀毒软件上，很多高校学生并不在计算机上安装杀毒软件，所以使计算机处于一种比较危险的网络环境中。

（四）随意使用计算机的问题

高校学生在使用计算机的过程中不具备规范的使用意识，他们在使用计算机时经常会浏览暴力以及色情的网站，这些网站不仅对高校学生的成长产生影响，而且网络病毒也藏身于这些网站中，在学生浏览网站的时候进入计算机，从而对高校网络管理的信息流失造成严重的影响。

三、解决高校计算机网络安全管理问题的具体对策

（一）高校应该加强宣传网络安全意识的力度

宣传网络安全意识能够将高校学生和老师们的网络危害防护意识提升上来，这对高校网络安全管理是非常重要的，高校管理部门应该对这一点给予重视，并积极进行高校网络安全宣传工作，在宣传过程中可以将提高网络安全意识的标语贴在校园里面，从而使高校的师生对网络安全的重要性引起高度重视，另外高校还可以组织学生进行提高网络安全意识的讲座，或者是为学生播放提高网络安全意识的影片，将提高高校网络安全意识的宣传工作全方位进行下去，这样一来才能使高校老师和学生处于一个安全的网络环境中。

（二）高校应该采取安装计算机杀毒软件的措施

想要维护高校计算机网络安全，就必须具有计算机杀毒软件，高校计算机管理人员使用计算机技术对高校信息进行管理的过程中，应该将计算机杀毒软件安装在计算机上，高校的老师和学生利用计算机进行工作和学习的过程中，也要确保计算机正受杀毒软件的保护。计算机杀毒软件能够分析并隔离计算机的木马病毒，从而为计算机的安全提供有力的保障。

（三）高校应该采取完善计算机管理制度的措施

高校领导应该将一个完善的计算机管理制度建立起来，因为完善的计算机管理制度对高校计算机的网络安全管理是非常重要的，另外高校领导层还应该建立计算机网络安全管理制度，只有这样才能使高校计算机网络安全工作正常运行下去。高校计算机管理部门应该分析并评估计算机系统与数据信息管理，为高校计算机使用人员设置安全密钥，只有验证成功的人才能利用计算机对高校网络信息进行管理。

（四）高校应该采取定期检查计算机的措施

高校计算机信息管理人员应该对计算机进行定期检查，只有这样才能使高校计算的处于安全的网络环境之中。在检查高校计算机过程中应该全盘检测计算，如果在检测过程中发现计算机中存在潜在的病毒危害，必须及时进行查杀，而且还需要将高校计算机

程序中的漏洞找出来，这样才能实现修复高校计算机的目的，及时堵住病毒和黑客入侵的通道，只有这样才能为高校计算机网络安全管理提供有力的保障。

（五）高校应该采取备份信息数据的措施

数据备份就是将信息复制并存储到其他地方去，这样一来就不会出现因操作失误计算机而使数据丢失的现象，另外备份数据还能防止数据被删除或者被窃取的情况发生。现代化社会中计算机网络的发展越来越快，人们对于网络的使用十分频繁，也越来越依赖于计算机网络，将一些信息存储于计算机网络中，并且传输信息的过程也是在计算机网络中完成，高校具备十分大的信息量，一旦发生数据信息被窃取的情况，用户就可以将备份好的数据拿出来应急，这样一来用户就不会遭受太大的损失，而且数据信息的完整性也得到保障。

（六）高校应该采取加强对计算机网络信息系统的日常维护与管理的措施

高校想要计算机网络信息系统正常运行下去，就必须将计算机网络信息系统的日常维护和管理的力度加强。高校应该成立一个专门的小组，小组的主要工作就是确保高校信息的安全，对高校计算机网络运行的环境的安全性进行定期检查，除此之外，高校还要对小组进行安全教育，给每组都分配好不同的负责任务并落实到位，为高校计算机网络信息安全管理工作的正常运行提供有力的保障。

高校计算机网络安全管理问题与高校发展有着非常紧密的联系，高校领导层应该将高校计算机网络安全管理中的问题解决，使高校老师和学生能够在一个安全的网络环境中使用计算机来学习和工作，而且这样一来高校使用计算机技术来管理校园信息的时候也不会受到黑客的攻击，从而使校园信息经过计算机技术得到更加高效的管理。

第四节　图书馆计算机网络安全的管理

因为网络技术的不断推广，计算机网络安全问题逐渐得到了重视。随着图书馆引入计算机网络系统，网络安全成为重中之重。如果图书馆人员缺少安全管理知识，就会导致图书馆计算机网络系统遭到破坏，损坏珍贵数据，引发经济损失。所以，要重视图书馆计算机网络安全，积极预防和解决图书馆计算机网络系统安全问题。

一、图书馆计算机网络系统存在的安全管理问题

（一）自然灾害以及环境因素

图书馆计算机网络系统受到的自然灾害威胁主要有：水灾、火灾、地震、雷击等，会直接损害计算机硬件，导致数据丢失，但出现概率比较低。环境原因指的是图书馆计算机机房环境的隐患，主要包括机房供电隐患、机房温度隐患以及灰尘过多等问题。

（二）计算机系统的问题

1. 病毒感染问题

计算机病毒是人为编写，可以自我复制传播的程序。一旦病毒感染计算机，会导致数据发生损坏丢失。病毒通常是通过网络进行传播，因此传播范围比较广。图书馆一旦感染病毒，轻微会影响正常工作，严重的情况会导致数据毁坏，还会对计算机硬件系统造成破坏。

2. 黑客攻击问题

黑客是专业的程序员，他们非常熟悉操作系统以及编程操作，目的是侵入其他人的操作系统，并获取相关隐私和信息，还能对系统存在的漏洞进行掌握。当黑客通过非法手段入侵电脑系统后，会对重要数据造成破坏，因此会使图书馆遭受严重损失。

3. 系统缺陷问题

电脑系统中存在很多的安全漏洞，某些系统漏洞都是因为操作系统和使用软件自身的问题，比如邮件漏洞、IE 漏洞等。但因为不同的原因，新的漏洞会不断出现，还会存在安全隐患，如果不及时修复好漏洞，缺乏安全管理措施，就会被黑客所利用，从而进入系统造成破坏。

（三）图书馆自身的管理问题

图书馆计算机管理系统中最复杂和难度比较大的问题是管理问题，因此管理问题不仅和管理人员相关，还要根据系统完备程度决定。针对计算机系统，即使非常完善和安全的系统，都会受到人为损坏，可能有些是误操作，但还有一部分人因为道德素质比较

低，他们使用计算机窃取图书馆藏书，还有的制造病毒进行干扰，对系统运行造成破坏。而因为人员误操作会损坏数据，还会对系统造成破坏。

二、图书馆计算机网络系统开展安全管理的相关措施

(一) 做好图书馆机房环境建设

图书馆要安排专职管理以及维护人员。环境维护方面，图书馆机房环境要做好避免强辐射、强烈振动以及巨大噪声，还要配置防水、抗震以及防火措施，确保机房空气良好流通，调节合适的温度以及湿度，营造良好环境卫生，还要对机房供电做好关注，从而确保计算机设备不会受到损害。另外，也要关注系统管理人员以及机房维护人员的重要作用，构建良好机房环境以及管理制度。计算机系统管理人员以及维护人员需要提高专业知识程度，对图书馆计算机系统存在的漏洞以及故障进行排除，从而提升计算机系统使用率，延长设备使用寿命，还能使系统维护费用大幅度降低，既可以节约维护成本，还能保证图书馆计算机系统安全。

(二) 制定相应的安全管理规章制度

增强图书馆管理人员工作职责以及能力，能够很好地保证网络系统安全，确保网络服务器和图书馆数据安全。要做到这点，需要把服务器安放在非常安全的地方，还要增强内部防范意识，对数据保密范围做好划定，还要积极备份数据，严格管理以及培训系统操作人员，增强人员的责任意识以及工作能力。在实践过程中，加强人员的素质教育、工作能力教育以及安全教育，使图书馆工作人员具备很高的保密观念以及责任感，避免人为损坏系统。另外，图书馆还要依据自身情况，加强管理人员的业务和技术培训，提升工作人员的工作能力，避免因为工作人员失误导致出现系统问题。

(三) 增强病毒防范意识，做好数据备份

图书馆要积极预防电脑黑客的入侵。即使系统中潜伏有病毒，也会使服务器数据存在巨大安全隐患。因此做好病毒防范措施，能够避免电脑黑客的入侵。目前普遍采用的方法是运用"防火墙"技术以及使用杀毒软件。防火墙技术是将软件和硬件结合的技术，当前应用效果比较好的防火墙软件包括天网防火墙、诺顿网络安全特警、瑞星防火

墙等，这些技术可以避免外部网络侵害到内部网络，可以对不安全的内容以及非法侵入者进行拦截，而使用杀毒软件能够避免病毒的危害和传播，使数据以及系统保证安全。信息系统的安全防护是需要不断改进的，永久的信息安全措施是不存在的。所以，图书馆日常管理中，必须对重要的数据做好备份，从而做好数据的恢复，这样就能避免图书馆数据出现丢失，特别是书目数据以及流通数据。因为目前技术变化以及更新非常迅速，因此只有按时做好备份工作，才能使数据安全和可靠得到保证。当图书馆计算机系统不能正常运行，要及时运用备份数据做好系统恢复，能够极大挽救数据损失。

因为网络技术的不断进步，网络安全问题越来越得到大众的关注。要求从技术方面、管理方面、人员方面都做好协调和配合，才能整体确保网络系统安全。图书馆在目前网络信息技术背景下，需要加强技术升级以及人员培训工作，制定网络安全管理制度，及时调整管理措施，避免出现安全隐患，加强硬件设备维护和软件升级。只有积极做好图书馆网络系统维护管理，加强防范措施，才能整体提升图书馆网络技术水平，使图书馆网络工作获得更大的进步。

第五节　医院计算机网络安全管理

医院的计算机网络负责收集、分析、处理医院内外部的各种信息，进而为医院临床、教学以及科研提供网络信息支持。由于当前互联网技术在现代医疗方面的广泛应用，医院计算机网络在医院的日常运营过程中也显得越来越重要，在此背景下，医院计算机网络安全面临着更高的要求，所以本节分析当前医院计算机网络安全管理方面所存在的问题，并寻找相关解决措施有效维护医院计算机网络安全。

一、医院计算机网络安全管理所存在的问题

（一）医院计算机网络设备型号不合理

医院计算机网络安全管理工作质量只接受计算机网络设备型号的影响，在开展医院信息化建设工作过程中，需要根据医院自身对于数据的分析与存储方面的实际要求选择最为合适的计算机网络设备。但是当前很多医院在进行信息化建设的时候，没有充分结合自身的实际情况来选择适当的计算机网络设备，对于医院计算机网络设备缺乏足够的

重视，只注重降低硬件成本，所以盲目选择部分较为落后的计算机网络设备，导致其性能较低，无法保证医院的信息管理安全。此外还存在盲目追求新设备的情况，此会导致设备的购置成本较高，但却无法充分发挥设备作用。

（二）木马病毒及恶意软件的影响

互联网技术快速发展的同时，也催生了大量木马病毒以及恶意软件，其严重威胁医院计算机网络安全。一旦医院计算机网络遭受病毒或恶意软件的影响，就很可能会出现数据丢失、系统瘫痪等问题。而且当前绝大部分医院的计算机网络系统为了保证自身的运行速度，选择性更新或直接不更新安全补丁，从而导致木马病毒及恶意软件更容易摸到其他计算机上，破坏或锁定重要文件，严重影响医院的日常运营，甚至会因为部分重要资料被锁定而延误病人的病情。

（三）计算机网络维护方面存在问题

定期维护是保障医院计算机网络安全的重要措施之一，其能够确保医院计算机网络稳定、安全、可靠的运行。但是就目前而言诸多医院对于计算机网络的维护缺乏足够认识，存在长时间不更新或选择性更新安全补丁的问题，使得医院的计算机网络系统存在诸多安全漏洞。而且因为计算机网络管理人员和相关领导对此缺乏重视，所以使得医院计算机网络安全维护工作无法得到有效落实，严重限制了计算机网络的安全运行。

二、加强医院计算机网络安全管理维护的措施

（一）选择适当的计算机网络设备

想要确保计算机网络安全、稳定地运行，就必须要根据医院自身的实际需求来选择最为合适的计算机网络设备。首先，需要确保计算机网络系统的运行效率，要应用多模光纤构建医院计算机网络系统的主线网络，同时还必须要备份所有网络线路，构建各科室之间的直连系统网络体系。在接入光纤网络的时候，要选择屏蔽双绞线，以免其受到其他网络信号的影响，切实保障数据信息的传输稳定；其次，必须构建高规格的机房，并且安排相关的专业管理人员管理和维护中心机房相关工作，切实保障医院计算机网络系统的核心部分能够稳定运行，同时要做好机房的降温与控湿工作，以免由于机房温度

及湿度较高而对设备机房的正常运行产生影响；最后，需要合理设置高标准的系统服务器，以保证医院信息数据存储不会出现丢失的情况。由于医院是全天运营，所以其服务器也必须能够保证不间断稳定运营，所以除了需要配置高标准系统服务器之外，还需要设置备用电源，以确保在出现停电等意外情况下，系统服务器依然可以稳定运行。

（二）加强对于木马病毒和恶意软件的防范

医院计算机网络安全管理维护的重要目标之一就是防范木马病毒和恶意软件，对其可以从计算机操作系统维护、数据库备份以及网络病毒入侵检测及防范三个角度开展。目前医院的计算机普遍都使用微软的操作系统，所以对于该系统的维护，需要从访问权限和登录权限等方面入手，除加强管理之外，还需要做好必要的系统操作记录，针对可能出现的安全隐患设置完善的处理预案。相关维护人员还需要定期对医务人员使用的计算机进行系统更新，并关闭使用频率较低的网络端口，尽可能将病毒攻击的风险控制到最低。还需要针对服务器的数据库做好必要的准备工作，定期备份系统数据，以确保服务器出现故障之后能够自动恢复数据，保障数据的完整和安全，切实落实数据库安全审计工作。同时还需要设置完善可靠的软件防火墙及杀毒软件，并确保防火墙和杀毒软件能够及时自动更新自身的病毒库，从而确保可以有效、自主的防范各类木马病毒及恶意软件的攻击，切实保障数据安全。

（三）定期对计算机网络进行维护

计算机网络需要定期予以维护，才能够确保其稳定运行。维护医院计算机网络需要维护人员自身具有较高的综合素质水平，其不仅需要具备一定的计算机软硬件知识来解决常见的系统问题，同时还需要构建相应的管理制度与标准，以此来对计算机的维护及使用人员进行有效约束，确保其可以按照相关规定进行计算机的使用和维护。同时还需要针对可能出现的问题设置相应的处理预案，做好必要的预防工作，以避免在问题发生后，维护人员不懂得如何采取措施进行处理。除此之外医院还需要定期为员工安排网络安全教育，向全体员工讲解木马病毒以及黑客攻击所能够对计算机系统产生的影响，提高员工的警惕性，进而促进其规范计算机操作习惯、提高网络安全意识，提升医院计算机网络的应用能力，确保医院信息系统稳定、安全地运行。

医院是救死扶伤、治病救人的重要场所，在当前信息化时代下，医院也逐渐开始引入信息化技术，计算机网络已经成为保障医院各部门稳定运营的关键因素之一，但计算机网络在运行过程中很容易出现诸多问题，作为医院计算机网络安全管理人员，必须合理采取措施，从计算机网络设备、计算机网络系统维护等角度入手，尽可能避免相关问题的出现，做好医院计算机网络安全的管理维护工作，切实保障计算机网络系统的稳定运行。

第六节 政府机关计算机网络的安全管理

在我国政府机关电子政务和无纸化办公的改革浪潮下，计算机网络成为发布信息、内部交流等重要的途径。因为政府机关主体的特殊性，其网络安全管理和维护成为政府机关办公室综合管理的重点。基于此，本节结合笔者实际工作经验，从政府机关计算机网络安全管理的重要性入手进行探讨，分析了当前政府机关计算机网络安全管理风险、应对措施及维护途径。旨在提升政府机关计算机网络安全管理水平，为电子政务的顺利开展保驾护航。

随着信息技术的迅猛发展，计算机网络应用在社会生活的各个方面。计算机网络在为我们带来便利的同时，其网络安全管理形势也更加严峻。从美国"棱镜门"到各个商业机构网络泄密，再到我国政府机关网络遭到黑客攻击，医院、银行、政府职能部门等机关网络安全事故频发，不仅使用户信息泄露、政府机关形象受损，更对社会管理带来了不容忽视的负面影响。

市场监督管理局是将工商、食药监、质监三个政府部门物力合并而组成的新的机构，管理面广、内容多、责任重大。在信息化办公的背景下，市场监督检查、政策制定、传达和实施、内部会议记录等都是通过互联网和内部局域网进行的。如果市场监督管理局网络安全出现问题，将会影响所辖区域市场运行。所以本文以笔者所在的市场监督管理局网络安全管理实践为基础，对网络安全管理措施和维护途径进行了分析探讨，以期提高政府机关计算机网络安全管理水平，提升维护效率，以此推动电子政务更好更快发展。

一、政府机关计算机网络安全管理的重要性

政府机关计算机网络安全管理关乎政府公信力、权威性和严肃性，其网络安全管理

要保证信息安全、信息完整和可审性。简单地说，是保证网络硬件设备顺畅运行，软件安全可靠不被破坏、更改。因为政府机关的特殊性，其存储的信息涉及保密性，有些与市场关联的涉及经济问题，如果网络安全出现问题，会造成非常严重的后果。例如某黑客利用连云港公安局网络漏洞，进入了车管所信息管理系统，通过技术手段进行违章记录消除，共删除记录一万余条，对正常交通执法带来了阻碍，自己获利 600 余万元。而四川省工商行政管理局网上办事服务中心存在 struts2-016 漏洞，17 万条企业注册信息、法人信息等泄露，可以进行匿名访问，无须破解密码等，这一严重的网络安全问题造成的经济损失不可估量。在某市市场监督管理局网络平台管理中，内部人员与企业高层内外勾结，篡改、窃取其他竞争企业信息和行政执法时间等，造成市场不公平竞争。这样的案例在政府机关电子政务建设中还有很多，对正常的政府管理、行政执法、维护社会经济平稳发展产生了不良后果，不仅是国家、企业遭受经济损失，严重的还会影响社会秩序，动摇国之根基。所以加强政府机关计算机网络安全管理非常重要。不仅是政府机关内部管理水平的提升，更是对人民负责、对社会负责的举措。

二、政府机关计算机网络安全管理风险及应对措施

(一) 当前政府机关计算机网络安全管理风险

根据笔者工作经验可将当前政府机关计算机网络安全管理风险分为以下几点：第一，计算机系统问题。微软已经将使用多年的 XP 系统淘汰，不再更新，而重点推广 WINDOWS7、10 等更安全的运行系统。但我国政府机关因为采购和匹配软件等问题，XP 系统仍然在广泛使用，留下了许多漏洞，容易造成网络安全事故的发生。第二，网络管理问题。政府机关计算机网络一般分为外网和内网，但有些工作人员为了自己上网便利，私自将内网机器接入外网，给了不法分子可乘之机。还有些工作人员将私人 U 盘插入办公用计算机，植入木马病毒的风险加大；更有些单位网络登录密钥管理不严，任何人都可以查阅数据，这也加大了网络安全风险。也就是说，网络管理问题依然突出。第三，黑客、病毒和内部人员有意为之的风险。以笔者所在的市场监督管理局为例，其不仅掌握所辖区域内企业的信息，还有食药监、质监等信息，包括处罚决定、检查安排等，网络成为黑客、病毒攻击的重点，同时巨大的利益也使内部工作人员极易与外部勾结，倒卖信息，造成网络安全事故。陕西省延安市就发生过这样的问题，黑客入侵法院

系统，将判决书进行了篡改，使法律的严肃性遭到了践踏，同时给当事人带来了许多麻烦。第四，技术问题。政府机关计算机网络安全管理专职技术管理人员的设置不足，笔者所在市场监督管理局设置了这个的职位进行专人管理，例如对密钥的管理、网络权限的管理等，但是仍有许多政府机关并没有专人去管理网络，专业性不足。

（二）政府机关计算机网络安全管理措施

针对以上问题，政府机关计算机网络安全管理措施有以下几点：第一，升级系统。利用微软公司在中国免费升级的机会，可将 XP 系统升级为正版的 WINDOWS7 或者 10 系统。对于应用软件方面的匹配问题，可以下载插件或补丁进行解决，保证计算机系统漏洞少，安全性高。第二，加强管理。严格的管理使保证网络安全的最重要防线。一方面强化网络安全使用制度，禁止工作人员在办公计算机上处理私人事务，禁止私人移动存储设备连接计算机。同时对网站编辑实行领导——编辑密钥组合制，从源头防止网站信息泄露。对官方微博、微信的发布实行审核制，将一切涉密、造成负面影响的消息扼杀。第三，对于病毒和黑客的攻击，网络管理员应及时升级杀毒软件、将防火墙打开，将网络内涉密、敏感信息及时保存。对于计算机网络信息查阅、修改、复制等过程，可以利用指纹识别、面部识别、虹膜识别等科技手段，将使用者定位，杜绝监守自盗情况的发生。第四，技术加强。一方面加强政府机关计算机网络安全管理专职人员的配置，将相关专业的大学生、研究生引进，使管理技术升级。另一方面，可申请 ISO 标准化管理认证，使管理技术标准化后保证网络安全。

三、政府机关计算机网络安全维护途径

（一）硬件方面的维护

从计算机网络硬件方面来说，一方面淘汰老旧计算机，更换新配置新软件。另一方面，对网络硬件如交换机、服务器、工作平台升级建设，将网线、网卡、路由器等网络传输设备规范化管理，网络登录密码每天更换，从硬件上保证网络安全。

（二）软件方面的维护

软件方面的维护是政府机关计算机网络安全维护的重点。对于软件，一方面要注重

使用正版软件，包括操作系统和办公系统，到内网处理业务系统。及时更新软件，设置登录密码，将人为方面的软件漏洞进行填补。另一方面可进行网络攻击测试演习，对有可能发生的软件维护问题进行实战化演练，及时发现问题解决问题。

政府机关计算机网络安全管理和维护责任重大，要针对当前存在的问题有的放矢，同时从软硬件两方面同时加强管理维护，全单位协同配合，将政府机关计算机网络打造成铜墙铁壁，保证电子政务顺利开展，保证网络安全和信息安全。

第七节　计算机网络安全管理中虚拟机技术

现阶段，信息化技术已经深入地渗透到了人们生活的方方面面，随着网络信息技术的深入发展，网络安全问题也就逐渐凸显了出来。目前，网络安全管理问题已经成为人们关注的热点。虚拟机技术作为现代化的信息技术，对网络安全管理工作具有重要的意义。本节主要研究网络安全管理中虚拟机技术的应用。

随着网络信息技术在社会各领域的广泛应用，信息化已经成为社会发展的主流趋势。在这样的时代环境中，网络安全就显得越来越重要。现阶段，我国的网络安全管理还存在一些问题，并严重的阻碍着信息化的进程。虚拟机技术的应用，给网络安全管理提供了新的思路，是重要的网络安全课题。

一、虚拟机技术概述

（一）信息加密

计算机网络具有极强的共享性质，这也是计算机系统经常会受到黑客以及病毒恶意攻击以及入侵的原因。这些入侵往往会造成计算机信息的泄露，尤其是对那些加密程度较低的信息类型，泄露的可能性非常大。通过虚拟机技术中的加密技术，能够对用户的信息进行加密式的安全管理，使计算机信息的隐秘性以及安全性得到切实的增强，以此保证计算机信息的储存安全。

（二）网络隧道

其主要以一种链条式的方式，对计算机中的网络信息数据进行安全管理。应用这一技术，计算机在向另一个设备传输信息时，信息将会以链条的形式传递给另一个设备，对应不同的设备，传输的链条也会有所变化。并且，这一传输方式必须签订 pptp 网络协定，只有签订了协议的信息，才能够进入隧道进行安全传输，以此保证信息传输的安全性。

（三）身份验证

身份验证技术是现阶段虚拟机技术应用于网络安全管理方面最常用的计算技术类型，其主要工作方式是在用户进行网络操作的同时，对操作用户的身份进行确认，保证是用户本人在进行系统操作。通过身份验证技术的安全保护，能够阻挡大多数的黑客入侵以及病毒传输。用户身份是以一种代码的形式存在的，因此黑客很难对用户信息进行远程的获取。

（四）密钥管理

密钥管理技术主要由 ISAKMP 以及 SKIP 技术构成，其作用主要是在计算机进行网络信息传输时对信息进行密钥管理，使传输的信息不会在传输的途中遭到黑客或病毒的攻击，以此实现对信息传输的安全管理。

二、计算机网络安全管理中虚拟机技术的应用

现代社会的经济形势变化迅速，传统的信息技术已经很难满足企业发展对信息化技术的客观需求，尤其是在网络安全管理方面。对此，企业要通过虚拟机技术的管理手段，对企业的计算机网络信息进行合理的精简。虚拟机技术的应用，一方面能够实现企业间各部门的实时沟通以及反馈，提高企业间的信息传播效率，增强企业的安全与运营能力。另一方面，能够提升网络的信息安全性能，使企业免受网络风险的危害。

（一）信息储存的管理

计算机的安全管理工作从操作层面上来讲，是一个比较复杂的过程，因此，其对网络信息安全性能的要求比较高。只有信息的保密性与安全性得到了切实的保障，网络的安全管理工作才能够有效地进行。尤其是在企业的网络管理中，随着信息技术的不断发展，信息手段已经成为企业与客户之间的主要沟通方式。而企业在与客户进行信息传输

时，一些重要信息必须进行隐秘性的保存，以防止信息在传输的任何阶段被恶意窃取，从而给企业带来严重的经济损失，甚至损害企业在客户心中的形象。利用虚拟机技术，能够实现对信息的加密，以及对传输过程的监控，避免信息在存储或传输阶段发生泄漏，达到与客户之间良好沟通的目的。

（二）远程安全管理

因为计算机网络的发展，企业的跨区域管理已经成为可能，因此，现阶段跨区域、跨国的企业数量越来越多。在这些企业之间，由于管理以及运营信息传输的客观需要，网络技术就作为主要的传播媒介存在。然而，一些企业在进行管理的过程中，因为信息安全管理体系不健全，经常会造成信息丢失、传输错误等信息风险问题。应用虚拟机技术，企业能够建立虚拟的防火墙，在企业用户进入系统时，迅速对用户的身份信息进行验证，防止恶意用户远程对系统进行操作，以此保证企业信息的安全。

（三）分支部门之间的管理

在一个企业之中，因为分工的不同，必然会细分为许多的部门，而这些部门之间的信息交流主要依靠计算机网络进行互相之间的沟通以及信息传输。在这一过程中，一旦某一环节的网络出现了问题，极有可能会影响到整个企业的信息网络。利用虚拟机技术，能够将企业之间的网络以局域网的方式连接成一个整体。将企业的各分支网络连接在一起，一方面，在局域网范围内，各部门能够实现安全的网络信息传输，网络安全性大大加强。另一方面，局域网内，管理人员能够更加方便的进行网络安全管理，有利于企业网络安全管理能力的切实提升。同时，这一网络模式有利于企业进行决策的落实以及人员调动工作的实行，对企业资源配置优化具有重要的积极意义。

综上所述，随着现代信息技术的飞速发展，社会各领域信息化的程度不断提高，对信息技术的依赖性也越来越高。对此，对网络的安全管理已经成为全社会共同关注的问题。利用虚拟机技术，能够对网络从存储、传输、处理等各方面进行科学的安全管理，对企业的安全、稳定发展具有积极的促进意义。

第六章　人工智能技术的发展

第一节　人工智能的哲学

　　人工智能激起了人类的关注和自我怀疑，人们在人工智能的能力边界和价值边界上产生困惑，也在科技伦理上出现了重大分歧。因此，在科技上充分开发人工智能的同时，哲学反思尤其对人工智能的本质和价值的反思是必要的。作为根据和参照，智能首先需要反思。智能是生命主动适应外在环境的自然性生成，更是人类社会实践的历史性生成。智能作为人的本质力量，不是简单的推理能力，而是统一"知、情、意"的直觉能力。人工智能在形式上是物理运动，完全就有别于智能的生命运动和社会运动；在本质上是智能的模仿、数理逻辑规则的物质化。人工智能没有替代或超越智能的可能，它现在没有将来也不会具有社会性，更没有主体地位。

　　历史上似乎还没有哪一项科学或技术能够像人工智能一样，激起人们的热切关注、复杂情感甚至自我怀疑，仿佛预言着人类的自由和未来将会面临极大的不确定。尽管很少有人像霍金或加里斯那样预言人工智能是人类的挑战者和终结者，但许多人也认可人工智能的超人能力和社会性，恰好这两个方面对人类而言具有毁灭性。显然，人们的苦恼主要集中在两个方面：一是人工智能的能力边界；二是人工智能的价值边界。当然，它们是硬币的两面，能力边界在实践上决定了价值边界，价值边界则在理论上影响着能力边界。与诸多困惑和分歧的生成一样，人们没有真正反思和直面人工智能的本质，观点基本上停留于直观化意见或情绪性判断。在思维逻辑上，含混不清的概念扰乱了思维，内涵失范的概念制造了分歧。在思维方法上，目的与规律、主观与客观的不匹配，既可能造成夜郎自大，也可能造成妄自菲薄，于是，伪命题应运而生，伪命题既无法证明也无法证伪，同样只会生产困惑和分歧，坚持的人却因暗合主观的抽象目的而暗自得意。所以，我们应该厘清人工智能的概念，从人工智能的本质出发去生发我们的判断，从理论上触摸人工智能的能力边界和价值边界。

一、什么是智能

无论是中文的"人工智能"还是英文的 Artificial Intelligence 都是一个偏正词组，人工（artificial）是修饰语，中心词则是智能（intelligence）。所以，首先需要清晰智能的概念，然后才可能清晰人工智能的概念。

在汉语语境当中，智与能是两个相对独立的概念，智就是把握对象的本质和规律，能就是行动的能力或才干，"所以知之在人者谓之知，知有所合谓之智。所以能之在人者谓之能，能有所合谓之能"。智与能联合起来指认识世界和改造世界的能力，在意识领域，智能就可以理解为认知能力与决策能力。

古希腊荷马时期的"智"近似于汉语语境的"智能"，泛指精熟于某种知识或技能，优秀的雕刻匠、造船工、战车驭手都被称为"智者"。轴心时期的"智"狭义地指脑力劳动，主要指哲学、科学、艺术或政治等脑力劳动，"七贤"就是"七个智者"的意思。到了智者学派，他们以掌握知识和论辩技巧为"智"，于是，"智"脱离了对象的具体性，抽象为一般性的思维能力。斯多葛学派用"理性"替代"智"对思维的表征，此时，理性与智都在强调思维的认知功能。在斯多葛学派之前，毕达哥拉就用抽象原则说明感性经验，开辟了一条理性主义道路。巴门尼德规定了理性主义最基本的原则——确定性，不确定性的感性认识就不被肯定为"知识"而被定义为"意见"。苏格拉底从内容和原则上确立了理性主义，树立了理性的权威。他断言，只有智慧能够把握真实的存在（柏拉图称之为"理念"），它是灵魂的根本属性，有别于肉体的意志和欲望。理性主义从此被注入新的含义，即一种方法论的内涵、一种工具主义的内涵。斯多葛学派将理念称为理性，作为人及一切存在的存在根据和存在规范，也将智慧称为理性，并且认为只有理性，才能把握理性，同时，也只有神、天使和人拥有理性，于是，理性不但具有方法论意义，而且具有本体论意义和主体性地位。斯多葛学派为理性主义确立了基本的思想旨趣和思维原则，并为其后的理性主义坚守，2000 多年后的布兰顿表达出几乎完全一致的思想："用我们的理性和理解能力而把我们从万事万物中分辨出来，表达了这样一种承诺：作为一系列特征而把我们区分出来的，是智识（sapience）而非感知（sentience）。我们与非语言性动物（例如猫）一样，都具有感知能力，即在清醒的意义上有所意识的能力……而智识涉及的是理解或智力，而非反应性或兴奋能力。"在笛卡尔那里，理性不但与情感、意志等严格分开，而且在方法论上等同于"分析"，于是，理性就成为对"是"与"否"的判断力，苏格拉底那里流传下来的"理性即推理"的思想理路不再需要含蓄地表达了。弗雷格和罗素则完成理性主义向逻辑主义的最终转变，世界被定义为逻辑的世界，思想是逻辑图像，"事实的逻辑图像就是思想"。最终，理性等价于逻辑运算，并成为强人工智能的思想根据。由此能否得出"智能＝逻辑运算"？答案是否定的。

根据盖格瑞泽的适应行为和认知科学理论，生命行为就是对环境的适应而且是主动地适应，尤其是人的行为。在主动适应环境的过程中，人与环境交互式否定与推动，人的认知能力得以生成和发展，同时，人的实践能力也得以生成和发展。通过人的自我否定，认知能力从表象现象深入到建构本质，从感性认知发展到理性思维，积极建立和积累一般性、普遍性的认识，为解决特殊问题尤其是可能出现的当下问题提供一般性的经验和原则。可见，认知是决策的前提，并以决策为目的。同时，学习是提高认知能力的必要手段，也是最为高效的手段。现实的个人当然可以在个体实践中获得直接经验和新的知识即"通过反应的结果所进行的学习"（班杜拉），更多的学习内容却是在社会生活中，以非遗传的方式在同代和代际那里传播的间接经验和已有的知识即"通过示范所进行的学习"（班杜拉）。知识一经出现就立即成为智能行为的基础，智能不再局限于感性经验的累积、分析和抽象的能力，更加上升为知识搜索的能力和寻找满意解的能力，实现了智能的再一次的质的飞跃。因此，尽管科学家和哲学家对智能有着千差万别的理解，但却达成以下共识：智能所表征的能力不仅限于认知功能，还有决策能力和学习能力。也就是说，智能≠逻辑运算，智能>>……>逻辑运算，准确地说，智能远远、远远大于逻辑运算。

智能可以看作生命进化最后环节的产物，是具有最高意义的生命行为，是生命解决生活问题的意识能力。根据对人脑已有的认识，结合智能的外在表现，我们可以确认，智能核心在于思维，它会构建起关于对象规律和本质的抽象性认知。智能来自大脑的思维活动，也可以看作大脑从事思维活动的能力。不过，智的全部能力却根据智能对自身存在的感知和认知，即自我意识。也就是说，智能的根据在于自我意识，尤其在于为保证其存在的生命冲动或者说欲望及其由此而延伸出来的主体性意识。同时，智能根据的自我意识不但表现为个体的自我意识，而且表现为类的自我意识，并被上升为道德范畴，从而成为人类一般的、普遍的意识能力和意识内容。

由于人的社会性，智能当然就是社会性行为。加德纳即把智能定义为在某种社会、文化环境或文化环境的价值标准下，个体用以解决自己遇到的真正的难题或生产及创造出有效产品所需要的能力。有效产品既有物理产品，也有非物理产品，那么，智能的对象也就既有物理对象也有非物理对象。苏格拉底把"智"上升为对"善"的形上把握，并赋予其道德和社会意义。在儒家的思想体系中，"智"是儒家理想人格的重要品质之一，是道德体系中不可或缺的内容。佛教的"智"，指人们普遍具有的辨认事物、判断是非善恶的能力或认识。需要注意的是，多元结构的智能的各个维度并不是独立的或孤立的，因为任何一个维度都不能独立地完成自己的使命，任何一个维度的独立性或特殊性都不在于其自身而决定于当下的问题。斯皮尔曼就将智力因素分为 G 因素（一般因素）和 S 因素（特殊因素），并声称是 G 因素而非 S 因素决定智力的水平。

我们之所以把智能看作对"是"与"否"的判断力，其根据在于我们把意识分解为认知、情感、意志等三个方面，并把它们隔离开来。笛卡尔式的思维方式在分析思维对象的各个侧面或各个要素上是有效的，它适应了我们有限的思维能力和刻板的语言规则，但所谓认识是整体性认识，而整体总是不小于部分的和，更为重要的是，我们认识一个对象，并非为了清晰它的现象，而是为了把握它对于"我"或者说对于实践的价值，并以此生成思维的意向性。如果抛开想象力、情感、意志等被分离出去的意识形式，我们不可能生成意向性，不可能理解对象的意义，即不可能把握对象。当这些方面或要素重新复合起来回归对象本身时，"总和"从来不会等于认知、情感、意志的物理相加。总之，没有无知无情的"意"，也没有无知无意的"情"，更不会有无情无意的"知"，任何意识行为都只能是知、情、意统一的意识行为。

"理性为原理之能力"，从有条件追溯无条件。即使我们形而上学地分离出认知功能，并把它理解为智能或者说智力，那么智力既会表现为对量的识别，也会表现为对质的认识，准确地讲，智力表现为认知对象的质与量的统一在思维中的重构。我们之所以说"重构"，是因为思维材料收集于认知对象对感官的显现，而思维对材料的处理总是基于思维的能动性，因此，认识不是"再现"或"再建"，而是主体的"重构"即对象性认识。思维的重构当然会以思维的材料为基础，但思维重构的目的却是对意义的发掘。那么，无论理性的对象还是理性的过程，一定都渗透了人的主体性、充盈着人的能动性。没有了主体性和能动性的情感、意志等所谓非理性意识形式，理性也就失去了思维的能力和动力，"凡是有某种关系存在的地方，这种关系都是为我而存在的；动物不对什么东西发生'关系'，而且根本没有'关系'；对于动物来说，它对他物的关系不是作为关系存在的"。

因此，理性不会是简单的推理能力，即使它经常表现出对推理的偏好，因为意义不会全部涵盖于逻辑，而会更多地延展在逻辑之外；相反，智能、思维、理性只能是认知、情感、意志的统一，至少以统一认知、情感、意志为必要条件。因此说，如果我们把理性回归为原理的能力，那么直觉就是最高的理性。如果我们把理性界定为逻辑推理的话，那么智能在思维方式上，就应该以理性为环节并实现对理性的超越即直觉。智能以直觉为思维方式，才有可能否定工具理性的确定性和必然性假设，也就有可能具有可错性和创造性，从而实现认识世界的两次飞跃、实现改造世界的根本飞跃。人正是依靠直觉思维能力，能动地认识世界、改造世界，确立自己的主体地位。

二、人工智能的能力边界

在人工智能的定义中，麦卡锡的定义得到比较广泛的接受：人工智能就是要让机器的行为看起来就像是人所表现出的智能行为一样。"看起来像"就明确了"不是"，机器的智能不是真正的智能，或者说，不过是一种隐喻而已。人为了自己"偷懒"的需要，将连续的机器动作链接在一起，组装成一个机器"黑箱"，就像洗衣机一样。人类把劳动从若干分解的操作动作简化为一个命令输入，然后就可以静待取出干净的衣物，而无须在过程中多次介入机器的运作。利用机器，操作者可以在过程中置身事外，于是，我们说洗衣机是智能的，因为我们既减少了自己的体力劳动，也减少了自己的脑力劳动，仿佛古代或中世纪对奴隶等"他者"的驱使和奴役。

这样看来，人工智能的修饰语"人工的（artificial）"，首先，申明了人工智能作为创造物的本质地位，是社会实践的工具和产物即"非天然的"；其次，相当于古汉语当中的"伪"即"假"，"假"并非"虚假""不真实"，而是"代理""借用"或者"非原本""非本真"。人工智能就是对智能的模仿，准确地说，对智能工作方式、工作方法和工作过程的模仿，但模仿只能是赝品和 A 货，智能与人工智能有着本质上的不同。

人工智能没有生命冲动，也就没有欲望，更没有自我意识，所以，也就没有自主进化、独立发展的能力，只可能发生数据的倍增和公式的卷积。人工智能全部"行为"限定于操作者设定的动作，既不会超出也不会按照自己的目的去改变，它连"自己"的概念（准确地说，"自己"这个概念的意义）都没有。没有自我意识，也就没有与环境互动的欲望，当然也不存在与环境互动的可能，只能根据预定程序对输入数据进行逻辑运算。如果说智能是人的主体属性，那么人工智能则是人的主体意志的体现。人工智能是人类改造世界的结果也是人类改造世界的工具，既没有本体论意义，更不具有主体性。因此，人工智能也就没有社会性。人工智能与手机等信息终端一样，仅仅是社会主体交往的物理中介。一个具有表情等社交能力的机器人，为了良好的人机互动，智慧代理人也需要表现出情绪来，至少它必须出现礼貌地和人类打交道，但是，这些全部都是一种人工设定，而不是自觉的主体性行为。由于社会主体之间（即人工智能的设计者与使用者）的交流在时间和空间上的"异在"，人工智能在空间上凸突显出在交流中的在场，于是被社会主体误认作交流对象。人工智能不是社会交往的主体，社会机器人或者是一个虚概念，或者是一个隐喻。

有人提出，弱人工智能没有自主意识，但强人工智能却可以通过极其复杂的程序来推理和解决问题，可以独立思考问题并制定解决问题的最优方案，甚至有知觉、有自我意识、有生命本能和自己的价值观和世界观体系，因此，也可以自我进化，一句话，强人工智能是真正的智能甚至高于生命智能的新智能。"强人工智能观点认为计算机不仅是用来研究人的思维的一种工具；相反，只要运行适当的程序，计算机本身就是有思维的。"也就是说，机器不再"像"人一样思考、"像"人一样行动，而是"同"人一样思考、"同"人一样行动，并且是理性地思考、理性地行动，这里"行动"应理解为采取行动或制定行动的决策，而不是肢体动作。所谓真正能推理和解决问题的强人工智能，且不要说它在哲学意义上的虚无，即使在科技上也不可能，可以说，智能的人工智能完全建立在一系列的假设、理想甚至幻想之上。

以现在的思维科学水平，我们谈论智能时应该诚惶诚恐、如履薄冰。人类自认为最为成熟的物理学"到现在为止研究过其微观结构的物质很可能只是宇宙中物质的小部分（5%左右）。而绝大部分物质的本性还或多或少地停留在理论推测之中"。我们对智能的认识基本局限于外部现象，根本没有真正认识智能的本质、工作原理和工作过程，可以说，仍在管中窥豹，坐井观天，其中充满了猜测和臆想。因此，我们没有能力为智能设定能力边界，更没有能力谈及模仿。人脑工作过程的确有生物电现象，但仅凭此一点就把智能还原为物理电运动非常牵强和荒诞，更何况把智能的工作原理和工作过程还原为电的工作原理和工作过程。强人工智能论至少同意以下的观点：人不过是一台有灵魂的机器，大脑本身只是一台机器。他们只是重申了拉美特里的思想。拉美特里为人类从上帝那里争取自由和主体地位起到重要作用，但他的唯物论是机械主义的唯物论、物理主义的一元论，否认不同运动之间的质的差异，无视物理运动上升到生命运动后运动所发生的质的跃迁。"人是机器"把生命运动还原成物理运动，完全混淆了生命运动与物理运动。智能与人工智能存在质的不同，智能存在和体现于人内在的精神生活，人工智能却仅停留于机器外在的部件运转。

强人工智能论坚持逻辑主义原则，把情感和意志等所谓非理性意识形式排除在思维之外，智能被狭义地定义为逻辑运算能力，即大脑被简化为生物的信息处理器。然后，裁定了它的逆命题的正确，如果一台机器可以处理信息，它就拥有了思维。问题在于，思维不是纯粹的信息编码，推理和决策同样不是逻辑运算，它们的确有信息编码过程、逻辑运算过程，但这些过程是为意义服务的，而且是在意义的条件下完成的。塞尔认为，意向性是一种自然或生物现象，是自然生命史的一个组成部分。他的中文屋试验证明，机器可以运行特定程序处理编码形式的信息，给出一个智能的印象，但它们无法真正地理解接收到的信息。真正的思维是认知、情感和意志的统一，它具有非凡的想象力和创造力，并且是在想象和创造中处理信息、理解信息、做出推理、做出决策。人工智能只是一个模仿式地输入输出过程，而完全没有意向性，它都没有可能通过一般性的图灵测试。

强人工智能理论把智力设定为纯粹的逻辑推理能力，纽厄尔、西门明确地表达了这样的观点：智能是对符号的操作，最原始的符号对应于物理客体。符号假说奠定了强人工智能论的理论基础，但完全颠倒了智能与逻辑的关系。思维为有效地把握现象、积累经验，建构起对象世界，并无限地从具体中抽象出所谓的普遍和一般也就是广义的逻辑。逻辑是思维的产物，思维建构了逻辑。操作符号的确是智的能力，而智能不单纯是符号运算；操作符号是评价智力的必要条件，却并不是充分条件。而且逻辑并非对象的普遍和一般，而是思维以注意到的对象的特征为变量建立起来的抽象的模型，它的意义并不在于正确地反映对象，而在于有效地实践。因此，即使智能的逻辑思维在一定程度上表现为对符号的操作，但是，它既不对应于物理客体，也不会体现为永恒，而是对应于实践客体，并处于无限地试错当中。人工智能在认识论上建立在表征理论之上，在本体论上是逻辑的实体化。人工智能以表征符号为数据，以电运动形式实现的以物理实物为介质的逻辑运算，诸如分析、推理、判断、构思和决策等人工智能活动，包括机器所具有的自动控制能力和根据环境自我调节到能力或者应激性等，只能按照预先设定的确定性和必然性运行，即使模糊判断、概率程序、卷积运算、监督学习也不过是设定程序的运行和固定公式的计算。

机器的"智能"必然性地被必然性约束在一个由既定的封闭空间——基础算法不可突破，机器也无法突破，因此，人工智能拒绝错误。从本质上说，所谓错误就是对现有逻辑的破坏，而否定旧逻辑正是建立新逻辑的必要条件，正如布兰顿所说："错误经历就是实现真理的过程。"无论学习、创造和认知都是旧逻辑的否定和新逻辑的建立。可见，人工智能不可能拥有学习能力，也不可能拥有想象力，当然也就不可能拥有创造力，当然，学习力、想象力、创造力相辅相成、互为因果。在人工智能那里，程序可以无限运行和自我生成，不过，全部的运算都是量的扩张与叠加，因此，任何质的发展和创造都被严格地排除。深蓝可以让卡斯帕罗夫认输、阿尔法狗可以让李世石投子，但它们没有胜利，它们根本就不知道什么是胜利和为什么能够胜利。学习力、想象力和创造力的缺失，以及欲望、情感、直觉的不可能，从根本上决定了人工智能只是一台被操控的机器，而不会有真正意义上的"自动"，更谈不上自觉。

强人工智能论把智力水平的评价标准设定为信息的存贮能力和计算速度，强人工智能的可能性必然地依赖于技术能力无限性的假设，也依赖于科学知识无条件性的假设。强人工智能论几乎设定强人工智能机器计算速度为无限快，加里斯认为，至少高于人的思维速度的 1024 倍。机器之所以有如此高速的计算能力当然在于机器元件的工作速度，加里斯之所以相信机器元件的如此高速在于他对摩尔定律的信仰。尽管被验证了半个多世纪，摩尔定律仍应该被认定为观测或推测的假说，而不是一个物理定律或自然法则。任何物质介质都会有自己的物理极限，物质的这种自然属性严格限定了机器的运行速度和性能，因为任何先进的技术也必须实现于一定的物理实体。摩尔法则一定会崩溃！不仅在技术方面，即使在理论方面，强人工智能的预测都建立在科学理论没有约束条件的无限推论之上，但任何科学理论都是有条件的，都是一定条件约束的特例。机器的贮存能力和运行速度一定是有限的，尽管我们努力地放大它们，但这是一个不容忽视的基本事实和理论条件。

三、人工智能的价值边界

人工智能使个人生活发生着深远和更将深远的影响，它可以完成枯燥的重复劳动，可以提高劳动生产率，使人最大限度地从体力或操作性工作中解放出来。人们因此可以更多更好地从事创造、情感和思想等工作，"使我有可能随我自己的心愿今天干这事，明天干那事，上午打猎，下午捕鱼，傍晚从事畜牧，晚饭后从事批判，但并不因此就使我成为一个猎人、渔夫、牧人或批判者"。

人工智能在形式上模仿着人的智能，在效果上超出人们的预期，以至于激发起人们无限丰富的想象和期望。正如爱因斯坦所说："我们时代的特征便是工具的完善与目标的混乱。"也许资本推动、也许宣传需要、也许人类关怀，社会出现了三种对人工智能的极端预判：第一种预判充满了乐观和积极，他们把强人工智能赋予创造人类幸福的力量，人工智能成为人类幸福生活的承诺；第二种预判恰好相反，他们把人工智能看作人类存在的终结者，人工智能会出于自身的需要消灭人类；第三种预判与第二种预判一样，不同的是"对这种结果的态度"，他们认为，这是自然进化的必然和必要的结果，也是人类文明的光荣和延续。三种预判都有一个前提，即强人工智能。强人工智能只是一个建立在一系列不真实的条件之上的虚幻假说，而一个不可能的假设之所以引出诸多哲学、社会学的伪命题，根源在于基于人的生命本性而具有的宗教情结。生存欲望和保证生命绵延的本能意识是恐惧，没有恐惧就没有有意识的生命绵延，因此，人们恐惧超自然力量的危险，也渴望超自然力量的护佑，所以，以色列人创造了金牛犊。超自然力量在科学面前分崩离析，可与生俱来的生命恐惧却不会消失，图腾崇拜从天上降到人间、从超自然力量转向人的力量，宗教迷信转变为科学迷信。其实，每当认识世界或改造世界的能力有了质的进步的时候，新的科技成果都会受到人类情不自禁地崇拜与恐惧，这些全部都在表达着人类对自我力量的崇拜和对幸福的期待。人工智能毕竟只是洗衣机而不是弗兰肯斯坦，它既没有能力担负人类幸福的承诺，也没有能力成为主导物种而自觉地去消灭人类，除非人类主动地消灭自己。人工智能不过是又一次的技术进步，人类解决问题的一个全新的方案。人工智能不是人的智能，也不能像人那样思考，更不会具有自我意识、主体性和社会性。在"人工智能"这个概念当中，所谓"人工"就是外在现象的模仿，所谓"智能"根本是一种修辞或愿望。

不过，人工智能所引起的社会问题的确需要我们认真应对。首先，当下的紧要问题是人工智能正在快速地替代目前人类正在承担的工作，许多人因此失去或即将失去劳动岗位。当然，这是技术进步固有的负面社会影响，蒸汽机的发明、电力的发明都曾经如此，工业革命就曾经被咒骂制造了"撒旦的黑工厂"。新技术必然地要取代人类从事的一些劳动，这也是新技术的价值；但它并不是要取代人的价值，相反，是让人从较低的劳动上升到更高的劳动，从而提升人的劳动价值、提升人的生存意义。只是在这个上升的过程当中，人需要否定自己、提升自己，否则就会带来一定的困扰和痛苦。如何以最快的速度、最小的代价完成人工智能推动人的自我否定过程，是我们切实需要思考和探索的问题。

其次，更为久远和尖锐的问题是，技术没有道德属性，人工智能可以提升人类的生活品质，也可以毁灭人类；不过，毁灭不是机器对人的反捕，而是人类的自杀——人类操控机器来高效地毁灭人类。因此，我们不必担心机器变得像人，而必须担心人变得像机器。技术一定要注入人性，将我们的价值观注入技术中，让技术成为对社会、对家庭更美好的承诺。有一种所谓的宇宙主义，认为强人工智能有着超人的智能，比人类具有更高的生存权利和存在的优越性，因此，人工智能应该和必将成为地球的主导物种，而人类应该和必将像恐龙一样成为历史。这样自然界才回归了进化的正轨。显然，他们混淆了生命与非生命的界限，机器代替不了生命，但是，可怕的是其深层的反人类思想。以智能水平评估生存权利，这是典型的社会达尔文主义、"丛林法则"的信仰者，完全否认了生命的价值和人的意义，为强权政治、种族灭绝辩护。人工智能研究必须坚持人本原则，必须坚持技术为人类所用，必须坚持不危害人类根本利益的前提下健康发展。

霍金悲观地预言："成功地创造出人工智能是人类历史上伟大的进步，但这极有可能是人类文明最后的进步。"这里需要修正的是，不是"人类历史"也不是"人类文明"，而应该是"理性主义"，准确地说，"逻辑主义"。理性主义的精神开启了近现代科学和技术，创造了当代令人类自身都为之惊叹的进步，但理性主义以可分析的假设为起点，假设了思维及其对象的可分析性；逻辑主义以精致的语言、严谨的规范构造了一个确定性和必然性的分析空间，也就虚构了一个与世界相分离的实体，拒绝着思想的丰富性和无限性。人工智能是逻辑的实体化，也是逻辑主义最高的物质成果。严格地讲，逻辑空间是一个表达的空间，不是一个思想的空间，而思想空间应该先于表达空间，也决定着表达空间。如果相反，以思想空间论证表达空间，一定会产生诸多无意义的概念和只会产生争议的伪命题。可以说，人工智能是人类历史上伟大的进步，但强人工智能只是乌托邦式幻想。机器模仿人类的运作模仿到完美无缺也不能证明它不只是一个复制品，它们也并没有生命，更何况"模仿"也只是一个暗喻。人工智能不会造福人类，除非人类利用人工智能为自己造福；它也不会毁灭人类，除非人类利用人工智能自我毁灭。

第二节 思维、情感及人工智能

一、人类个体的生成分析

我们能思考，不能少了基础设备——大脑，大脑是人类运转的中枢，使人类感知世界和自我。当出生后，大脑没有停止发育，同时，婴儿在观察周围环境，听旁边的声音，感受着触摸，嗅到味道，这些都在影响思维的建立，形成印记保存在头脑里。这时婴儿开始有"你，我，他"的概念，开始学习说话，知道某种发声、形状对应的物件，能大概听得懂语气的情感，等等。这样一直到读幼儿园、小学，开始系统地学习知识、文字，思维已初步形成，从各个途径懂得了世界的很多常理，有了地图感，初步知道了空间、时间的概念，能读书，写字。接着，又进入初中，高中，再经过高考洗礼，跨进大学，然后可能读研，读博或者直接进入社会生活，这样一个人类个体的生成就告一段落，未来等待他的是悠长生活的岁月。

二、人的思维分析

人有空间模拟思维、逻辑思维、语言思维、忆想思维、想象思维、联想思维，等等。这些思维归根到底都是人在拥有独特大脑的基础上，经过社会活动学习和锻炼练就的思考技能，然后人类就把它们举一反三，灵活运用到各个场合，形成了人独有的智能。万物是活动的，人也是活动的，在应对外界复杂改变的刺激下，人的大脑也在对应地快速活动着，产生各种记忆、观念及想法，然后决定人类个体去在未来做何事、做得怎么样和为什么做，这样又影响了世界的发展，所以说人和世界是相互作用着的，我们本来就是世界运动的一部分。

三、人的情感分析

大脑是怎么判断运行事件生成不同的应激反应呢？我认为，是思维、记忆和本能共同决定的。我们悲伤，开心不是因为我们愿意怎么就怎么，而是我们经历的事形成大脑运行事件由思维、记忆和本能决定的另一个"我"来判断的，"我"是隐藏，却真实地决定我们的喜好，是以前生活的总和。多久没吃，身体信息传到大脑，就饥饿；吃了，味道可口，就满足，下次还想吃；吃多了，没新意，腻了，就反感，过一段时间再吃。人的情感是繁杂的，但是原理却是简单的。

四、人工智能的实现

有两种思路，一种思路是完全模拟出人的思维的诞生方式，造一个高度仿婴儿机器人，让他在后天教育下慢慢学习，慢慢成长，这种方式符合自然的规律；另一种思路是，造一个仿少年机器人，拥有各种基本思维技能，拥有"我"的架构，让他在后天的教育下学习语言、文字、知识和常识，产生记忆，这种方式有利于机器的实现。因为未知的知识体系，大概地讲后一种，首先机器人拥有大脑，拥有身体，拥有视觉、味觉、触觉、痛觉感应器并与大脑相连。为什么现在设计出来的机器人很笨、很死板、无智能呢？答案就是他们没有思维，我们要制造人工智能就要克服这些，要让机器模仿人的思维去思考问题。首先，作为基础，他有本能模块、情感应激反应系统、"我"结构系统、注意力模块、空间模拟思维模块、忆想思维模块、总结思维模块，等等。我们要做的很多，浅谈下这几个模块。本能模块就是实现人工智能对某些事件自动反应；"我"结构系统是判断大脑运行事件对于人工智能该如何反应的系统；情感应激反应系统是"我"结构系统判断完后操纵神经系统应激反应的系统；注意力模块是控制人工智能关注某个声音、某块图像、某个身体位置的模块；空间模拟思维模块是人工智能思考的很重要的模块；忆想模块是使人工智能具备回忆以前非完整图像的功能的模块；总结思维模块，是使人工智能具备通过某事寻找其中规律的功能的模块。拥有了所有人思维基础的综合模块后，再进行整合，然后我们就可以对这个人工智能进行教育。

因为人工智能太过复杂，且涉及的知识面过广，还有这时笔者知识的局限性，所以本节不能逐一说清，如果有精力，有时间，笔者会在后续写本书来详细地说明，非常期待未来的人工智能时代。

第三节　人工智能与公共拟制

现代人类社会政治生活的秩序依托于现代公共拟制（public fiction）。公共拟制建立在人类的日常理性基础上：基于生命、财产与自由的基本价值，建构了宪政、民主与法治的基本制度。这些基本价值与制度与人之外的他物无涉。人工智能（artificial intelligence）的诞生及其飞速进步，促使人类重思这些已经被现代人视为当然的公共拟制。因为人工智能的发展，已经展现出人机关系的广泛想象空间：人工智能在经历了一个人工绝对控制阶段后，正向人机相间、人机融合、超人类智能的方向演进，这必将对现行的公共拟制发生重大影响。

从 17 世纪以来，人类社会基本上运行于"人""社会"与"政治"的拟制基础上。直到 21 世纪初期的科学技术革命，让人类不得不面对并思考可能完全不同于从文艺复兴到启蒙运动以来的"人"的拟制。从思想史的角度看，关于现代"人"的拟制，之前已经出现了两次重大的转变，一是尼采所称的"上帝死了"之后的、寻求强力的"人"，二是福柯所称的"人死了"之后的人的碎片化。但这两次转变，并没有从根本上动摇近代所确立的"人"的拟制。只不过在结构要素上出现了排列组合上的变化。但 21 世纪初期以来关于"人"的拟制，受到"人"的自然结构几乎倾覆、社会政治结构因之发生显著改变的影响，其拟制的颠覆性质，远非尼采、福柯的宣称可比。

凸显这一挑战的科学技术革命，是由多方面的成果呈现出来的。信息科学、生命科学和材料科学被称为当代三种前沿科学。人工智能、基因技术和能源革命则构成当代三种前沿技术。科学技术革命促使人类急促地思考"超人类革命"，它对人类社会习以为常的"人"的拟制具有极强冲击力。原因很简单，拥有人的卓绝智能，一向是现代"人"的拟制中最有力支撑"人为万物的尺度"这一立论的根据，理性精神是现代"人"的拟制中最足以说明"人"为万物灵长的理由，如果人工智能达到与"人"媲美的智力水准，那么"人"是否还成之为"人"？

一、演进的人工智能公共拟制

当前的人工智能技术，远没有达到颠覆现代"人"拟制的高度。不过，人与机器的关系是演进的。这一演进过程，大致可以划分为三个阶段：第一个阶段，人是绝对控制机器人的；第二个阶段，人机对应的社会建构开始出现，"机器人权利"的问题被提出来，"机器人公民身份"不是科幻人物身份，而是对人工智能机器人的赋权；第三个阶段，也就是一个远景的阶段，当机器人成为一个有自我意识的新的自我时，人机高度融合，此时，由现代理性哲学确定的"人"的命题，也就是现代"人"的拟制，可能就会遭遇强劲的挑战：人类会不会反而成为机器的工具？人们需要对人工智能发展步入第三个阶段做好心理准备。

在人工智能的三个发展阶段上，第一阶段中由人绝对控制的机器人早就广泛应用于工业与商业领域。这种应用，将人从繁重的体力劳动中解放出来，受到积极的倡导和正面的评价。尽管中间容有机器排斥人的质疑，但人们不曾因此相信人工智能取代"人"，"人"被机器完全替代、制约甚至控制。进入人工智能发展的第二阶段，人机关系的道德与否，已经成为一个此前不曾考量，而今必须严肃思考的新问题。人机关系如果不能仅仅设定在人随意使用机器的状态，那么，"机器人"的权利应不应当受到尊重，就成为一个权利哲学的崭新问题。如果真正步入第三阶段，人机关系的人为控制颠倒为人机混生，甚至是机器控制人的状态的话，那么可以想见，人类数百年熟稔于心的公共生活就会遭遇彻底的颠覆。

现代"人"的理性"自我"意识，是人类考虑既定"人"的拟制条件下遭遇的所有问题的前提。一旦人机相分关系从人对机器人、人工智能的支配关系改变为人机混生的关系，姑且不说人机关系变成机器或人工智能对人的支配关系，那已经意味着近代以来人类建构的主客观世界确定不移结构的大翻转。对此，一部分人对人类控制人工智能的信心依然是满满的，但另一部分人对未来可能的失控局面感到忧心忡忡。这都是有道理的。这两种心态，都源于当下人类社会对人工智能控制的前景不明。直到今天为止，人类社会都是以人绝对控制机器作为处理人机关系的预设前提的。关于人机关系的基本规则，都来自文艺复兴和启蒙运动以来形成的人类中心主义。这个既定规则体系，在人机关系可能发生扭转的情况下，也就是说人不一定能完全控制机器，甚至人工智能机器进入人自身身体变成人的一部分，或者人工智能机器人具有超人类的智能，人机已经无法从边界上严格划分的情况下，人机关系似乎有一个彻底重构的必要。

人工智能与公共拟制关系演进状态以三种情形呈现出来：首先，像 AlphaGo 对程序化的人类生活或人类生活手段的颠覆，意味着我们来自古典时期的公共理性正在经历一个重建过程。尽管人类的日常生活显得非常琐碎、庞杂且茫无头绪，其实稍经分析就会发现，人类生活常常遵循一定的程序。只要人工智能将这些程序行动加以数据化，机器人就可以模仿人类的生活样态，并且与人类展开竞争。AlphaGo 之所以能够让超一流的围棋选手签订城下之盟，就是因为围棋着手一旦将人类围棋手的复杂着棋程序化，它就超出了某个棋手的着棋能力，当然也就能战而胜之。再譬如投票预测，人们对投票进行预测的一般方法是民意调查，但通过广义的人工智能的模拟演算，已经能相当精确地预测到选举结果。

其次，当人工智能的发展达到第二阶段的时候，现代公共拟制中的制度设计理念，也就是功利主义的理念，即"最大多数的人的最大幸福"就会以人工智能的方式全幅呈现出来。这是现代公共拟制的制度层面尚且未能实现的目标。但现代公共拟制的结构性变化由此可以预期。其一，既定公共拟制的成员资格会发生变化。在人的智能谋划中，成员的理性计算和理性判断是其在共同体中选择某种行为的依托。但这类计算和判断，融入了人类的欲望和情感。两种力量的交融，合成一个公共世界的共通自我，从而呈现出某种趋同性的公共行动。而人工智能对这种公共拟制会发生颠覆作用，因为人类原来的选择说到底都是自己理性计算的结果。如果这样的计算被人工智能所引导，意味着既定的公共拟制正在发生颠覆性革命。其二，如果人机混生，人与机器人的界限模糊起来，人机二元的边界固定思维随之失去依托，那么会进一步对现代政治学最重要的权利假设造成极大冲击。人工智能，不管是 AlphaGo 试验还是索菲娅实验，如果不能最终预期机器人替代人的劳动，因而具有永久性使用和无限制使用的效用，那么人对机器人的支配就是一个预料之中的结果。但在索菲亚实验中，其设计的自我意识一旦弄假成真，那么机器人与人的关系准则就势必彻底重构。人对自己设计的机器人应当沿用权力哲学还是权利哲学相待，已经是一个现实问题。作为公共生活拟制者的人类，确有合德地对待机器人的必要，否则人机关系就会一直处在一种非道德的控制状态。

最后，按照文艺复兴和启蒙运动以来的主–客体关系建构，人类作为主体控制人工智能并让它永远成为客体且为人类所用，便是天经地义的事情。如果人工智能产品这个被设定的客体进入了人的身体，如前所述，权利哲学的适用性问题就出现了。建立在特定的现代人拟制基础上的自然法、人定法适用对象会不会发生变化呢？当人机都被约束在守法边界内，认定什么是违法犯罪，以及裁决违法犯罪的法官，就不再是一种既定性设计，而必须适应新的公共生活规则。从远景看，人机高度融合，再经由基因编辑实现了人的永生，今天那种建立在"向死而生"基础上的公共拟制就可能变得完全没有意义了。这是人类必须面对的两种处境：人工智能的技术想象与人类社会的政治想象必须携起手来，从现实出发，面对未来可能，才能构想新的公共拟制，以应对可能的全新人机关系态势。

二、管控人工智能

可以肯定地讲，人工智能不是要不要治理的问题，而是要怎么治理的问题。关键在于，人类采用什么样的治理手段，才能将人工智能控制在人类可以成功掌控的范围内。治理是人类活动的一个基本事务，其突出的特征就是民主治理、多元共治。对人工智能的多元共治来讲，疾速发展的技术及其担当技术的人群、对人工智能发展加以管控的公共政策决策者，以及对人工智能的发展颇多构想的思想家，需要携起手来，从公众关注、政策制定、政治谋划、未来影响、哲学解释诸方面，对人工智能的发展进行有效治理，从而保证人工智能造福于人类社会。

关于人工智能的治理，目前倾向性的治理思维与实施建议是强化人类对人工智能的绝对控制。对人工智能加以治理可能出现两种效果，一是善治，二是失治。善治是发挥参与治理各方的积极治理愿望，激活有利于治理的种种要素，聚集有利于治理事务的诸种资源，顺利展开治理过程，并且实现参与治理各方的治理愿望的结果。失治也就是失于治理，是指治理过程中每个环节都出现问题，而且在动用治理的政策工具、可用资源与实施举措之后，仍然未能解决治理问题，甚至完全束手无策、不知所措。

面对人工智能的治理局面，人们已经展开的运思是在人工智能发展到今天的局面下最能控制局面的治理设想。从总体上讲，对人工智能加以有效管控，是相关治理的趋同思路。这是建立在"人"及其社会政治建制的经典拟制基础上，将人与人工智能机器人截然划分开来的一种思路。其基本治理思路由四个要素组成。一是预估人工智能的伦理与社会影响，据此为人工智能的有效管控或治理提供依据。人工智能必须接受现代基本价值观的检验与测度，这样才不至于让人工智能陷于疏离，甚至背离人类基本价值的危险境地。二是对人工智能采取有效的法治约束。首先，应从国家基本法即《宪法》着手，治理保障"人"的尊严，对一切不利于维护"人"的尊严的人工智能探索加以严格限制，对所有可能导致人类基本规则失效的人工智能的颠覆性革命进行有力控制，不让人工智能的发展快到失控的状态。其次，从人工智能发展的直接监管上着手制定相关法规。《公平信息处理条例》《隐私保护指引》《数据保护指令》等如此诸类的立法都应及时跟进或改善。这样，就可望有效杜绝人工智能的野蛮生长，使其遵循相关的法律法规。三是进行强有力的行政管理，并建立有效的社会施压机制。这里的行政管理并不单是指政府部门的管理，包括公司行政、政府行政与非政府及公益组织行政管理等方面。其中，政府部门对人工智能的监管是最重要的。因为政府部门具有大范围、深程度地动员资源的能力，而且具有国家权力强力推进相关研究进程的巨大能量，因此，政府必须克制单纯推进人工智能的片面政策动机，真正实施有助于人工智能健康发展的公共政策。四是给予人工智能以有效的哲学解释，以疏解人们对人工智能的理论知识与实践知识的无知而导致的紧张。学者要从哲学的角度，科学地表达对人工智能不可能挑战人类智能的信心；人工智能从业者对人工智能诱人前景的描述与有效管控的刻画也有助于人们理解人工智能的可控发展态势。

无疑，对人类来讲，这样的解释必须超越听之任之的技术乐观主义与绝不退让的技术悲观主义。从总体上讲，今天对人工智能的管控还是相当成功的，这种管控据以建立起来的主客二分、人机二分的世界还能成功维持。

三、未来展望

人工智能的公共拟制在可预期的将来肯定会限定在人工智能的可控范围内。这是因为像人工智能这类模仿人的智能的技术革命，在人脑机能之谜还远没有揭示出来的时候，模仿性的人工智能是很难超越人的智能的。

在人工智能机器人发展的这一阶段，人们已经开始因应于人机关系的最新状态，对公共拟制进行重构。这样的重构沿循两个方向延展：一是重构人类面对人工智能时代的政治关系，二是重构权利哲学视野的人工智能机器人的权利清单。这是人工智能高度发展以前不会触及的公共拟制问题。就前者看，由于数据使用在政府、大公司与普通公民之间形成了不对称的关系，开展新型的公民运动势所必然。在人工智能时代，以积极进取的姿态处理好数据治理中的公民、政府与企业的多重公共关系，这是仅就既定的"人"与社会政治的经典拟制针对人工智能时代的公共拟制做出的常规性反应。就后者即开列人工智能机器人的权利清单而言，有人从后人类中心主义视角提出了人工智能机器人的权利问题，这显然是一种不同于"人"与立宪民主政治经典拟制的另一种公共拟制。《人工智能权利宣言》的出台，表明这种面向虚拟人的权利拟制已经成为重构经典权利哲学的一种新路径。另一方面，人工智能的权利确实是仿照经典的"人"的权利，尤其是社会政治权利拟订出来的。诸如人工智能机器人之被视为"人"且具有"人格权"的总纲，在这一总纲下宣示的人工智能机器人的"生命权""财产权""纳税人权利""政治权利"以及"公民身份"，都显示出因应于人工智能机器人重构的公共拟制的模仿性。

从远景看，依照人工智能发展的"奇点"论，将会出现的"机器之心"与"人心"相仿，甚至优于"人心"的技术转折点是完全可能的——从仿生人工智能起始，发展到人类水平的人工智能，再进展到超过人类水平的人工智能，最后出现自具理性与情感的超级智能，并不是天方夜谭。这里涉及人工智能发展的两个关键问题：一是人类水平或超人类水平的人工智能不存在技术障碍，因此畅想人工智能的未来，绝对没有将人工智能完全置于人类绝对控制之下的理由；二是高水平的人工智能机器人的出现，一定会重构我们今天视为当然的现实世界秩序。规避人工智能给人类带来的任何风险，是一个面对人工智能可能重构现行的公共拟制的消极趋势；而积极筹划高水平人工智能时代到来时的公共生活，可能是人类面对人类水平与超人类水平的人工智能所应当采取的积极进取态度。

直到近期，人工智能机器人迅速表现出的优于人的智能的特点，具备编程设定的初步情感反应机制，让人类社会抓紧思考一个人机共生时代的到来究竟意味着什么的问题。由此还进一步催促人类思考一个可能在心智和德性水平上更高于和优于人类的人工智能机器人对既定的公共拟制之基础假设的挑战，也就是人因理性和德性所具的天生优越地位与万物等级区分是否还有理由延续下去。这是人工智能时代的到来对人类社会既定的社会政治秩序发出的最强有力的挑战。面对人工智能的疾速发展，公共拟制之必须改变，应当成为人类社会的一个共识——人类如果无条件捍卫文艺复兴和启蒙运动以来对"人"及其社会政治制度的经典拟制，将会陷入一个因拒绝适应、接纳和谋划"人"的巨变时代而导致的僵化被动境地。

已经有人明确指出，先期谋划一个人类社会与人工智能机器人友好相处的关系结构，乃是一个明智之举。当人机高度融合为一的时刻出现的时候，可能何谓"人"的定义、权利哲学的基准、权利保护的机制，都会出现出人意表的惊天改变。只不过这已经超出了"面对人工智能的第一代人类"的想象能力了，面对人工智能发展难以预期的未来，谨慎以待，积极应变，也许才是王道。

第四节　人工智能的异化与反思

人工智能给人类生活带来了巨大的便利，帮助人类创造了许多奇迹，其影响的深度和广度都空前提高，以至于人类已经依赖人工智能并习惯生活在有人工智能的环境中，然而人工智能异化也日趋严重，影响到人类的生存和发展，探讨人工智能异化问题具有重要的现实意义。

一、人工智能异化及其根源

人工智能异化的含义。人工智能异化是以异化为基础产生出来的。异化一词来源于拉丁文，具有脱离、出卖、受异己力量统治、让别人支配等意思。在哲学史上，首次系统地阐述了异化的概念的是黑格尔，他强调"异化是主体与客体的分离与对立"，认为绝对精神作为主体异化为客体。马克思认为，"所谓异化，是指主体在一定的条件下，把自己的素质或力量转化为跟自己对立、支配自己的素质或力量，用以表达主体向客体转化的关系"。可见，异化可以被理解为本身活动所创造出的东西即客体，经过一系列的变化，反过来支配、压抑、制约作为主体自己的现象。在人工智能迅速发展的今天，各种新工具、新机器相继被发明出来并在人类生活中获得广泛的应用，例如苹果在iPhone里添加了"Siri"这个人工智能助理，通过语音指令，你可以让它为你查天气、设闹钟，搜餐厅等。游客可以带着AI翻译机到国外旅游，翻译机能够实时准确地把用户的对话进行互相翻译，达到无障碍对话的程度。人脸识别也已经广泛应用到了我们生活的各个领域，在内地乘坐火车飞机都可以通过人脸识别进行身份确认。然而，人工智能本身是人类智慧的产物，在人工智能发展的过程中，它便利了人类的生活促进了社会的发展，但人工智能在造福人类的同时，它也反过来制约、统治着人类的发展，这种现象就是人工智能异化。在异化状态下，人不再处于控制人工智能的主导地位，人工智能不再是为人服务的工具，反而成了统治人本身、威胁人类生存的异己力量，阻碍着人的发展。

人工智能异化的根源。人工智能发生异化的根源主要有三个方面，包括主体个人、人工智能技术本身以及社会发展方面。

主体个人方面。人工智能异化在于应用的主体对人工智能的依赖性应用，在一些工作方面，它的工作效率和准确度已经远远超过人类，人类为了谋求生活和工作上的便利，对人工智能产生了依赖性，并去适应人工智能的发展。

人工智能技术本身方面。人工智能本身就是利弊共存的一个整体，绝对是好的或绝对是坏的事物是不存在的。作为人的创造物的人工智能也是如此。人工智能有两面性，而不只是有利无害的，因此，即使人们按照良好的愿望去使用人工智能，其负面作用也会同时产生。著名科学家霍金指出人工智能可能是人类文明史上最伟大的事件，它要么是人类史上最好的事，要么是最糟的。一切技术都是有缺陷的，都可能对人类造成有形或无形的伤害，这跟人工智能由谁来使用，如何使用无关。如人工智能的进步，无人超市开业，从进门选购到支付，出门总时长相对于传统普通超市有了质的提升，大大缩短了消费者消耗在购物上所浪费的时间，也给予更舒适更方便的购物体验，但这种后果又引起了收银员和导购员的下岗。2016年AlphaGo击败了世界顶级围棋高手李世石，人们在感叹人工智能的发展的同时也感受到了人工智能对人类的威胁，或许将来人工智能会取代人类，人工智能将会导致人类的灭亡。就像药可以治病也会带来副作用，完全没有负效应的人工智能恐怕是没有的。

社会发展方面。社会发展的需要也是智能异化的重要因素之一。人工智能为人类所创造，是要为人们服务的，不同的时期社会发展状况不同，所需要的科技服务也就不一样。现如今社会发展到了一定阶段，对人工智能有需求，社会的发展也影响着国家的发展，希望国家发展得更快，俄罗斯总统普京曾说道："主导AI的国家将会主导世界。"无可争议，人工智能将会在未来几年爆发，它将影响全球，可能它就是第4次科技革命的到来。可以预见，在未来的一个阶段里，其将成为各个国家争抢的战略制高点，谁优先掌握了人工智能技术，谁就能在生产率上领先一个等级，从而在短暂的竞赛中获取压倒对手一个数量级的优势。

二、人工智能异化的表现形式

人的异化：

本质的异化。人的本质被异化，成为抽象的人。人是不能用人工智能来把握的。因为人工智能是由人类研发像人一样拥有智能能力，它所追求的是高效工作，它不具有自主思维能力，而人之为人就在于他的思维。而现代语境下的人是被人工智能抽象化的人，导致了人的失落和被遗忘，人工智能将现实的"同类事物"集中起来，抽象出其"共性"，以达到这类事物的"规律性"认识，人的活动成为与动物的求生本能相类似的活动，进而否定了人的本质，1997年的IBM计算机"深蓝"战胜国际象棋世界冠军卡斯帕罗夫的事实，也使人的尊严在一定意义上丧失了。

思维的异化。人工智能与我们的生活紧密联系着，人们在工作和生活上把人工智能视为不可或缺的存在，并对人工智能抱有极大的期望，认为人工智能未来极有可能发展到超级人工智能阶段，我们周围的一切都将由人工智能管理着。人工智能在当今社会能帮助人类解决多种问题，将来还可能解决所有问题，人工智能将无所不能，这种对人工智能能力的极端认可是人思维异化的表现。具体表现为对人工智能过分的崇拜和依赖，在生活中遇到问题时会考虑寻求人工智能的帮助，向人工智能寻求便捷。与此同时人类造就了人工智能，人类却反过来对人工智能有了敬畏之心，害怕在不久的将来会发明出和人类相仿，甚至是远胜于人的超级人工智能，人工智能会对人类的生存造成威胁，担心人类给自己创造了一个对手，一个关乎生死存亡的敌人。

个性的异化。人是不同的"个性化"存在。人同于别人就在于有自己的个性，人工智能的飞速发展却造成了人的"非个性化"，导致了人的个性的异化，致使人的"价值"和"意义"向度被忽视，使人成为动物。当人把人工智能视为工具和手段的时候，人就会在人工智能的驱动下成为人工智能的奴隶，人就成为人工智能的附属品，成为无个性的人，从而失去了人的自由。人工智能逐渐主导人的生活和意识，人们把人工智能技术作为工作和生活必不可少的手段，人的价值被边缘化。在这种"人才观"的影响和要求下，教育也丧失了自己的使命而变得程序化起来，在这种"程序化"教育下所培养出来的人是一种无个性的"机器人"，个人教育被认为是一个独特的、不可重复的过程，然而在现代教育也在变得程序化起来，由于各类学校和大学过于拥挤，在许多方面人们必须放弃追求自由和个人待遇的欲望，因而相反的情形就产生了，即人工智能的控制和随之而来的非个性化。

能力的异化。人工智能几乎可以帮人们做到一切，这也导致人类各种能力的弱化。人的学习能力和记忆力会弱化，人工智能可以记忆复杂步骤，人们就会对知识和事物缺乏深入的探究。除此之外更为重要的是人们哲学思维能力的衰弱。人工智能能干人类能够干的事，处理各种不同的事情。人们可能渐渐忽略到这些不同事物之间的关联，以及事物内部的本质。把这种特点概括起来只有两个名词：关联、本质。哲学正是人们探索诸多事物之间的关联以及这些事物背后本质而发展出来的一个学科，而关联意味着全面、联系的眼光，从整体出发看问题，本质则意味着好奇心和寻根究底的能力，这是哲学重要的两点特质，可以说在机器与人的界限越来越模糊的未来，是否拥有哲学思维将是人类之所以成为人类的必要条件，人类之所以成为人类其中也包括了拥有能够反思自我，探寻宇宙的哲学思维。人工智能的发展使人们对复杂事物不求甚解，不愿意去探究事物的本质，自动化的生产，流水线的作业，标准化的工种使人们缺乏用联系的观点看问题。

社会的异化：

在现代每个国家都在运用科学技术促进本国社会的发展，人工智能作为高尖端技术之一对推动社会进步的作用也是无可厚非的，人工智能诞生的初衷是作为人类工具的延长，人工智能只能作为人类社会发展的附庸和补充，但现在人工智能和社会的关系进行了互换，人工智能从作为社会进步的附庸慢慢地转换成了社会离不开它，社会的发展需要它，人工智能成为社会发展必不可少之物。人工智能对社会的经济发展效率、社会的综合治理水平等各方面的建设影响力都是很大的，人工智能在全方位、深入地影响社会发展，进而影响到整个国家，当今的国家实力已经是以科技创新为核心，人工智能作为引领未来的高新技术或将重塑国家实力的变化，中国和美国作为人工智能领域的领导者早已开启了战略部署，其他国家也不甘示弱，英国政府就在2017年发布了有关人工智能的报告，指出要使英国成为世界上最适合发展和部署人工智能的国家。人工智能正在控制和制约着社会。

三、人工智能异化的反思

人工智能异化不可避免，我们应该对其进行哲学的反思，反思我们应该如何去消解人工智能的异化。从哲学的角度分析我们必须树立正确的价值导向，坚持以人为本，把人的自由全面发展作为衡量人工智能发展的标准。

树立正确的价值导向。人工智能和人类之间的关系变得越来越密切了，人是社会发展的主体，人类本应该拥有自己的个性，不能被人工智能所异化、工具化，为此应树立正确的价值导向。正确的价值导向是以人的价值理性为核心，关注人的情感、道德、生命、灵魂，引导人们在享受人工智能所带来的社会发展价值的同时，更多地去探寻自己本身的价值，更多地照顾自己的思想、精神和信仰，以实现人生的意义和价值。人们如今对人工智能的崇拜和追求远远胜过对人自身价值的关注，并且对人工智能所带来的消极方面的认识相当欠缺。人们应该知道要为更有质量、更有价值、更有意义的生活而活着，不能仅仅满足于对现实世界、对人工智能的追求，而是应该不停地寻求着对于已有本我的无限超越，追求自身发展进步的不断突破，从而对人工智能所造成的"异化"进行消解和排斥，一旦人们领悟体验到了生命的价值，在现实生活中他们就会有一种充实感和满足感，在面对人工智能所带来的异化和控制的时候，就能自觉去克服。

明确人工智能发展标准。在人工智能与人的关系中，人是主体，人工智能是客体。在人工智能发展的过程中，人丧失了主体地位，人受制于人工智能，被人工智能所控制。对人工智能的过分依赖性使用，也带来了一系列的人类生存和社会发展问题。值得我们深思的问题是，人工智能的真正发展的标准应该如何衡量，是根据社会经济增长为标准还是以国家是否能在世界中处于主导地位为标准。人工智能发展的标准应该是"以人为本"，以人的自由全面发展为标准，人的全面自由发展才是人类社会发展的最高宗旨和最终目的。我们这里所说的"以人为本"，是指对人来说，人是人自己的最高目的，人之所以去活动去实践，都是为了人自己，而不是为了人之外的东西。人工智能的发展，必须关心人的本身，人工智能只能是人类认识世界改造世界的工具，人的发展才是衡量一切的标准。

综上所述，人工智能作为一种为人类服务的技术，在其发展和运用中出现了异化。但我们必须在肯定人工智能的积极作用的同时，树立正确的价值导向，始终坚持以人为本的原则，明确衡量人工智能发展的标准，人工智能是为了人能得到更好更全面的发展而产生的，由此把人工智能应用的负面效应限制在最小的范围之内，最终实现人和社会的可持续发展。

第五节　人工智能艺术

2017 年 5 月，人机大战中 AlphaGo 以 3：0 完胜当今围棋第一人柯洁；10 月 25 日，沙特阿拉伯宣布授予人工智能"索菲亚"公民身份。这两起相继发生的事件引起了极大的社会反响，仅一年时间人工智能便取得了如此惊人的进展。人工智能正式迎来第三次热潮。

"人工智能"概念第一次被正式提出是在 1956 年的 Dartmouth 会议上，距今已有 67 年的历史。67 年来人工智能几经沉浮，总体而言仍是保持着技术不断向前发展的态势。一方面科学界以积极主动的态度展开对人工智能的研究，在相关领域取得了不俗的成就，如人脸识别系统、无人驾驶汽车等；另一方面社会各领域引入人工智能，将人工智能用于实践，机器人导览、咨询、陪护等逐步商业化，如日本长崎的"奇怪酒店"以大量机器人取代人类员工，是机器人用于商业服务的典型代表。

随着人工智能技术的发展，人们对于人工智能的关注度大幅提升，热议不断。其中两种观点最具代表性：第一种观点认为人工智能技术的发展或将对人类的生存造成极大的威胁，该观点的支持者有马文·明斯基与霍金等。马文·明斯基，人工智能的先驱之一，他深信计算机会很快超越人类，他曾说"如果够幸运的话，机器或许会把我们当宠物养着"。霍金也曾公开表示人类应该警惕人工智能，他对于人工智能的系列演讲表达了他对于人工智能可能对人类造成极大威胁的担忧。第二种观点则认为人工智能威胁论言过其实，并且认为人工智能无法产生情感、没有灵魂，是一种依靠计算机程序编码而存在的智能技术。山东师范大学博士生导师杨守森认为人工智能从本质上而言是"属于机器的电脑"，"就其发展前景而言，也还看不到电脑能够完全代替人脑的任何可能性"。人脑结构及运作复杂，当前人脑方面的研究尚未取得更多的进展，仅从这一点来看人工智能威胁论难以成立。未来人工智能究竟是超越还是继续屈从于人类智能？未敢断言，然人工智能未来的发展必将大规模、大范围的改变人类现有的社会生活环境。

这些年来，"人工智能与艺术创作"也为热议话题之一。人工智能应用于艺术领域，逐渐衍生出其他的一系列问题。诸如"人工智能创作的作品能不能称之为艺术品？""人工智能能否取代艺术家？"等问题。正因为有诸多问题的存在，笔者认为有必要对"人工智能艺术"作主题性的深入研究。

一、人工智能艺术

什么是人工智能艺术？笔者将不试图给"人工智能艺术"下某个准确的定义，因为要想对某一事物下定义，需要仔细地权衡多方之后，方可得出一个较为可信的"释义"。此处仅对人工智能艺术作一简要概述。人工智能艺术是在人工智能的技术基础上发展而来，它具体表现为人工智能参与艺术创作，是人工智能技术与艺术领域的跨界融合。对于人工智能艺术的解读可分为两种：一是人工智能作为艺术家的辅助工具，在艺术家的操控下完成艺术创作，直接作用于艺术创作、生产、消费等领域；二是人工智能作为所谓的创作主体，发挥其"主观能动性"，创作出一系列的作品。本节将着重对后者展开论述。

目前以人工智能为创作主体的人工智能艺术主要是：绘画领域以"Aaron"和"Painting Fool"为代表创作的绘画作品，诗歌领域中"Auto-beatnik"创作的诗歌，小说领域中"布鲁特斯"创作的小说等作品。事实上，人工智能在影视领域也有着突出的表现，例如从事剧本创作、电影艺术表演（美国哥伦比亚影业公司 2001 年推出的被称为世界上首部"全数字"电影的《最终幻想》，其绝大部分画面由电脑生成的，且女主角艾琪完全是由电脑设计出的"虚拟演员"）；除此之外，还有的人工智能尝试进行音乐创作等。上述人工智能在创作过程中所展示出来的"自我意识"与创作能力，令人惊叹不已，就如同亲眼目睹当初作为工具放置于办公桌上的计算机突然有一天开口与人类交谈一般不可思议。

由于人工智能技术与艺术创作之间的频繁互动，"人工智能艺术"悄然兴起。如今"人工智能艺术"这一名词虽然被人们接纳，但对它的质疑声仍在暗地里发酵。人工智能创作的作品凭什么称得上艺术作品？是因为它在细节、颜色、结构处理上堪称完美的表现吗？还是因为人工智能创作作品的能力由人类赋予，显示了人类拥有与"上帝"相媲美的能力受到重视，从而将其拔高到"艺术"的地位？当前人工智能创作出来的作品，是否能够引起人类情感上的共鸣或真正具备艺术价值呢？针对这些问题，笔者认为应首先明确"人工智能艺术被冠以艺术之名"备受争议之处。

二、"人工智能艺术"受到的质疑

"人工智能艺术"备受争议之处大体可从当前的艺术本体论中找到源头。根据艺术本体论，笔者将从以下两点展开论述。

（一）人工智能艺术的创作主体归属

以往的学者在讨论艺术的基本问题时，"艺术创作主体——艺术家"是彼此之间心照不宣的共识，众多的艺术理论体系也基本上是以"艺术家"为艺术创作核心而建立起来的。"艺术家是专门从事艺术生产这一特殊精神生产的人。"弗洛伊德的精神分析学派就是通过对人精神的分析来阐述艺术的。在人工智能参与艺术创作之前，"艺术家"一词不曾指除人以外的其他可能的主体。人工智能出现以后，尤其是当其成为"人工智能艺术"的创作主体时，"艺术创作主体为人类"的稳固地位开始被动摇了。

不过当人们仔细探究人工智能创作原理后发现，这种动摇是十分表面化的。刘润坤、于曾明确指出："人工智能艺术创作是基于大数据和深度学习技术发展的结果，大数据为人工智能提供可用于学习的庞大数据库，而深度学习的诸多算法则让人工智能对这些数据进行自主处理；它们应用于人类艺术的不同门类之中就形成了不同的作品，比如应用于视觉领域就成为人工智能绘画作品，应用于听觉领域就成为人工智能音乐作品等。所以可以这样讲，人工智能艺术创作的核心是'数据'和'算法'。"如此一来，人工智能创作品的创作主体究竟是那些赋予人工智能创作能力的设计者还是人工智能本身呢？如果说人工智能创作作品的能力是由设计者赋予，其创作作品表现了设计者的思维模式，那么使用"人工智能艺术"的概念是完全行得通的，因为此时人工智能仅是作为人类创作过程中的一种辅助工具，"人"依然是艺术创作主体，这与现行的艺术理论基本上没有太大的冲突。可是这样的做法无疑是将问题简单化，根本没有顾虑到当前人工智能创作的复杂性。由于"深度学习"，人工智能在创作过程中开始表现出一定的能动性，其在设计者无法预料的情况下独立进行创作，此种不可控性使得人工智能的创作过程复杂化。在这一创作过程中，设计者的参与度基本为零，此时人工智能创作作品的创作主体将是人工智能本身。人工智能创作作品的创作主体难以界定，贸然地对人工智能创作冠以"艺术"之名显然称不上合理。

（二）人工智能艺术中作品是否具有生命力

人工智能艺术当前受到的最大质疑无疑是"人工智能艺术中作品是否具有生命力"的问题，即是说人工智能在创作作品的过程中是否具有独立的思维模式，其作品能否引起人类情感上的共鸣等问题。

当前的艺术创作理论表明艺术作品是具有生命力的。美国艺术理论家 M·H. 艾布拉姆斯的"艺术四要素图式"大体勾勒出艺术创作的整体流程，"是艺术家将其所体验的世界通过各艺术种类的独特艺术语言和表现手段转化为艺术作品；艺术作品承载了艺术家对世界的感悟并将其呈现给读者……"据此可知，艺术作品凝结了艺术家独特的世界观、人生观、价值观，是艺术家将抽象思维活动转化而成的实际形式。这一涵义反映了艺术作品是艺术家与社会互动的产物。

质疑人工智能艺术的人通常认为，当前人工智能的创作建立在其庞大的数据库及强大的计算方法之上，其创作能力是通过高强度培训之后所获得的模仿能力。在这部分人看来，缺乏社会实践与情感交流，建立于冰冷数据之上的作品，即使它再精细、再完美，也不过是华而不实、虚有其表的花瓶。除此之外孙振杰在人工智能的意识问题上指出"即便目前的研究显示出机器意识系统具有某些功能意识，甚至是会有一定程度的自我意识和统一性意识的研究进展，但这并不意味着机器意识就像人类意识那样具有多向度、多维度并且与周遭环境密切关联的复杂程度……"而就人工智能的情感问题来说，他认为目前人工智能的情感研究还受制于人类自身情感研究的局限。基于这一立场，人工智能创作作品确实难以谈得上具有生命力。

三、基于人工智能的艺术前景广阔

综上可知，当前人工智能艺术受到质疑可归结为两点：一是创作主体难以界定，二创作作品缺乏传统意义上的生命力。纵使如此，笔者以为人工智能创作的作品虽不完全具备现代艺术观念上对于艺术品的特定要求，但也不能因此将其排除于艺术之外。相反地，我们应以宽广的胸襟接纳其为一种全新的艺术门类，它是科学技术发展的必然产物，时代交替的使然。当年第一次工业革命，机械批量生产的作品被人们看成是廉价的仿制品，认为这些作品全无艺术价值可言。"约翰·拉斯金和威廉·莫里斯等人都梦想着彻底改革工艺美术，用认真的富有意义的手工艺去代替廉价的大批生产。"可最终，当人们发现再也不能回归以前的手工艺社会时，于是"他们渴望以一种新感受对待艺术和材料自身所具有的潜力，去创造一种'新艺术'"。现在亦是如此，人工智能艺术恰好处于人工智能技术快速发展的时期，这就是说，正是人工智能技术在艺术领域的实践使得人工智能艺术得以出现和发展。当前人工智能的处境与19世纪摄影术的处境有一定的相似之处，它们同为科学技术发展而来的产物，同样不可避免地参与了部分艺术创作，也同样经受着质疑，不同的是摄影术经历了那段煎熬的岁月，现今已得到大众的普遍认可，有关摄影艺术的书籍随处可见，而人工智能才刚刚开始艺术的漫漫征途。

最后，我们决不能忽略现阶段人工智能在创作过程中表现出来的拙劣的、模仿人类的思维方式。未来的人工智能会不会发展出自己的意识？会不会拥有自己的感情？目前看来，人工智能很难达到这样的高度。然而千万不要忘记，当初人类是在自然环境中一步一步发展而来，而人工智能却是直接借助人类智能发展而来的，它的起点远比原始人类的起点要高。随着人工智能技术的不断推进，人工智能艺术或许有望发展出"艺术"之实，即当人工智能发展至类人人工智能、超级人工智能甚至是超级智能体时，一种全新的艺术模式将会产生，曾经适用于人类范畴的诸多定义也将重新改写，并最终形成有别于人类艺术的另一特殊艺术领域。

第七章　人工智能控制技术的发展

第一节　智能控制的概述

一、智能控制的内涵

智与能这两个词在中国早就出现，但智能这个词只是近 30 年才有的。按字面解释，智指巧用，而能则指能耐，泛指功能、技能与能力。

西方"智能"常用 intelligence，按 Websters 字典的解释为"The ability for perceive logical relationships and use one's knowledge to solve problems and respond appropriately to novel situation（感知逻辑关系，利用自己的知识解决问题并适应新情况的能力，编者译）"，而针对计算机的解释为"Capability of performing some functions usually associated with human reasoning etc.（通常能够执行与人类推理等相关联的一些功能，编者译）"。

因而 intelligence 的理解更接近属于人的思维的一部分。但当 intelligent 在形容算法（algorithm）时实际上已包括了人类受自然界演化的启发而建立起来的行之有效的算法。而人们在讨论一些智能材料时有时并不用 intelligence 而采用 smart，这表明目前在什么叫智能上无论是国内或国外并未达成通用的唯一的解释，而处于多义多释的情况，这可能是一切新学科出现的共性。

就控制而言，我们宜于将智能的理解更广一些，这是基于从信息科学的层次。控制器的设计本身是控制算法的设计，因而智能控制的核心自然是指具有智能特征的控制算法，而算法自然应包括仿人思维的和自然界演化的。人工智能在英文中常用 artificial intelligence，就是指用人造的办法实现的智能，在今天它主要体现在用计算机来实现这一点上。因此智能控制其核心当是以人工智能的方法来实现的控制算法。

控制科学与技术是针对自动控制系统研究、设计、实验、运行中形成的科学与技术，是自动化科学与技术的一个重要部分。随着科学的发展和技术的进步，系统的复杂程度越来越高，工作要求也日益多样化、综合化与精确化，这样越来越多的先进的技术特别是信息技术应用于控制系统，这使得控制系统在很多情况下不再是原有的结构相对简单、控制目标单一的以反馈为主要特征的单回路控制系统，原有的控制理论、方法在新的形势下不能适应要求，这为人工智能的方法与技术更多地融入控制系统中来并发挥日益重要的作用创造了条件和提供了机遇。

如果说 1936 年图灵（Turing）建立自动机理论和随后在 1950 年发表论文 Computing machinery and intelligence 时，人们还认为这是一种科学理想，并不能看清其实现的途径和发展的规模。在经历了半个多世纪的发展后，这种人工智能的思想已经发展成为信息领域的一个充满生机、日新月异的领域。人们预测人工智能已经与纳米技术和基因技术并列为 21 世纪最具影响的三大尖端技术是很有道理的。

科学的成就首先是具体的，在发展到一定阶段后才可能形成新的理论框架。位于美国的 Santa Fe Institute 从事的复杂性研究首先揭示了一系列实际存在的复杂性现象，并从这些现象的研究中提炼出一系列不同于常规的新型的有时很有效的算法，开创了智能算法的一片天地，使很多过去看来十分困难的计算成为可能，显示出一种独特的优越性。

在我国，由于信息科学技术总体上与世界先进国家差距不算太大，经过这几年的发展，在一些领域已经处于领先地位。作为信息科学一个新的重要领域，人工智能的发展自然被上升到国家发展战略高度进行考虑。

2014 年 6 月 9 日，习近平总书记在两院院士大会上指出："由于大数据、云计算、移动互联网等新一代信息技术同机器人技术相互融合步伐加快，3D 打印、人工智能迅速发展，制造机器人的软硬件技术日趋成熟，成本不断降低，性能不断提升。军用无人机、自动驾驶汽车、家政服务机器人已经成为现实，有的人工智能机器人已具有相当程度的自主思维和学习能力。我们要审时度势，全盘考虑，抓紧谋划，扎实推进。"

2015 年第十二届人大三次会议上，李克强总理在政府工作报告上讲："人工智能技术将为基于互联网和移动互联网等领域的创新应用提供核心基础，未来人工智能技术将进一步推动关联技术和新兴科技、新兴产业的深度融合，推动新一轮的信息技术革命，势必成为我国经济结构转型升级的新支点。"一方面是国家对人工智能的关心与重视，另一方面是控制科学发展面临的巨大挑战，这两者的碰撞意味着发展智能控制的大好时机的到来，我们应紧紧抓住这个机遇，迎头创新，使我们能在新的一代控制科学发展上占据制高点，从而在一些原始创新上取得决定性的进展。

一、人工智能是一个很大的领域

人工智能在今天已经发展成一个很大的领域，这个领域的几乎所有分支都与自动化有着千丝万缕的联系。这种联系既有为自动化服务的智能元件与技术，也有与自动化技术结合在一起形成的系统。

人工智能从功能上分大致如下。

感知类。视觉、语音识别等。

信息提取、理解与鉴别。指纹、人脸识别，虹膜、掌纹识别，搜索功能，语言图像等的理解，模式识别等。

推理决策及其实现。机器证明，自动程序设计，智能控制，自动组织、管理、规划与决策等。

与自动化结合的系统形成了一系列新的应用领域。例如操作机械手、服务型机器人、智能安检系统等。

从广义上理解今日的控制，已经是一个复杂、多结构、多尺度、多模式混合的系统，而控制的要求已不再单一，目标多样且可能互相制约，这预示控制系统的新模式将呈现出将决策、管理、通信与控制一体化的趋势，因而智能与控制的结合就有着一种广义的理解。如果控制只是原有动态过程的控制，这样智能控制就具有明确的但相对狭义的定位。

我们在现阶段，人工智能与控制的结合研究还在初级阶段，并不宜将其划分得十分清晰，而随着学科的进一步发展，其中的差异可能会更不重要，人们可能更关注广义的更为复杂的智能控制系统。

从研究的角度，正确的步骤自然应该是首先弄清狭义的智能控制，进而在此基础上扩展为智能自动化或广义的智能控制。无论是智能自动化还是智能控制，都是由两类技术科学的学科结合而成，因而其本身的发展必将符合技术科学的发展规律。而其结论的科学价值首先是在科学的前提下能用和好用，这里的科学性自然不是指数学的公理体系与形式逻辑的推演。

研究人的智能的形成可以看到这是由人的学习过程而形成的。人类的学习一般可以分为两类，首先是继承性的学习，这是指人从小开始通过大人的说教、上学、读书以相当快捷的速度将父母、他人乃至社会长期积累得到的经验、知识等变成自己的认知资源。这种学习好坏的标志常表现为记性好、想得起来、举一反三乃至用时就能想起。这种继承性学习在计算机上则归结为建立专家库、数据库、知识库和规则库等。在这些库中存储了所需要的各种资源，而作为人工智能必须能灵活方便地从这些庞大的存储中找到自己所需的信息，这就要求系统具有搜索、对比、归类、分析、比较、寻优等功能，以便快、全、准地寻求相关信息和具有一定的信息加工能力，同时对有用的信息分析、存储和更新等。

另一种学习过程是一种自主式的学习过程。这个过程形成智能是通过不断迭代改进形成的。它通过自身的感知，对确定要做的事（或目标）进行分析确定达到目标的策略。将每次结果进行记忆并与原有的进行比较以便更新，这是一个不断改进以达到目的的过程。这种学习过程对人类来说有些是通过大脑的思想过程，有些只是在神经系统乃至神经系统的下游就可以完成，甚至有些可以形成一种反射机制。虽然人类社会经过几千年的历史积累已经形成对物理、化学、生物与生态的很多基础性认识并以继承性学习的方式传承下来，但这些自主式的学习可以完全不依赖于这些积累而自主从无到有地学习并形成一种智能。例如杂技团的演员在顶竹竿时，他一般并不清楚顶竹竿的动力学在一些合理的假定下可以用倒立摆的方程进行描述，自然他控制竹竿的动作也不是基于倒立摆方程设计的，而是通过反复训练学习以掌握顶竿的本领。

人类的智能就是由上述两种学习方式（继承的和自主的）经历长时间的发展过程而形成的。

针对自主式学习的过程，人们一开始用计算机建立一些计算单元来模仿人的神经活动，即用人造的神经元形成网络来实现人类或动物个体的相关活动。由于构成神经元的单元是一种非线性元件，因而将神经元组合在一起，就能形成联想功能与学习功能。人们利用这种功能可以创造出不少具有智能特征的部件，特别是将神经元组成多层神经网络可以将学习功能深化以便充分利用计算机容量大和速度快的巨大优势，从而弥补人类在大容量的博弈智能方面的不足。

AlphaGo战胜围棋世界顶级高手是人工智能的杰出表现，它一方面采用多层神经网络进行深度自主学习，同时它所用的棋谱正是继承了数百年人类在这方面的智慧的结晶。

用计算机进行学习与形成智能，不仅可以利用仿人神经元的多层结构，而且可以利用自然界，包括物理、化学、生物与生态的演化过程来构建人造的智能算法。这方面有针对局部搜索可能导致局部极值而改进的模拟退火、遗传算法、禁忌搜索以便寻求在一定条件下如何能达到全局最优的方法。这些方法并不是万能验方，而是对一些问题有效而对另一些则可能完全无效的方法。作为遗传算法的扩展，进化计算成为智能算法中一个重要的组成部分。这种算法通过借鉴自然界优胜劣汰的思想建立起来，在一段时间里属于它的遗传算法、进化策略和进化编程并没有引起人们的关注，后来发现它们在解决一些著名的疑难问题中显示出特别有效的能力才引起了业界巨大的兴趣。随着计算机处理问题在容量和速度上的飞速发展加之遗传编程的出现，使得这些基于同样思想但又各具特色的分支，互相碰撞沟通使得进化计算发展迅速并应用广泛。

Von Neumann 在 20 世纪 50 年代发明元胞自动机，它的出现不同于有严格定义的物理方程或函数确定的动力学系统，它是指在一空间时间均离散的系统中，由大量元胞通过简单的相互作用而使系统发生演化。由于元胞自动机中的单元的多样性以及相互作用的不同，这种模型可以成功地模拟生物群体活动的演化过程，并在物理、化学、生物与生态和信息科学的很多领域内取得成功应用。

上述智能算法在应用到一些科学问题时具有一些共同的需要认真研究的问题，这表现如下。

（1）如何确定其适用范围，即使用什么类型的智能算法到什么样的实际系统是比较有效的，这种适用性的研究的目的是弄清楚特定的智能算法的适用范围与条件，在方法上首先应该利用计算机进行反复实验而不是严格的数学证明作为主要研究手段。

（2）这些智能算法常常与系统的复杂性研究有关，开始于 20 世纪 80 年代的关于系统复杂性的研究，其基本思想为超越还原论这些对研究工作长期的影响。其讨论的对象是一定量非线性元件之间由于相互作用而出现的例如系统无序到动态有序的现象或从混沌到有序的现象、物质进化过程的不可逆性及其机制、复杂系统的适应性特征等。对这些现象的出现所进行的研究在方法论上与传统的数学、物理等科学研究不同，需要一种新的思维方法和理论，而这些方法与智能算法有时有相当好的契合。

（3）人们常将具有严格定义的物理、化学、生物界确定的方程、函数或泛函作为对象，具有十分确定的数学公式而建立起来的算法称为传统的算法。智能算法的特点则是不以确定的方程、函数或泛函为对象，也不具有确定的数学公式，而是根据规则之类的有时具有不确定性的方法利用计算机作为手段进行计算的，因而智能算法是否有效主要不是依靠建立在公理体系上的严格的数学证明，而是更接近于其他自然科学研究的方法论，即以计算运行来对算法进行实验并从中寻求带规律性的东西来改进计算。这也是智能算法更多是由物理学家而不是传统意义下的计算数学家创立的原因。在相对简单的问题中，传统计算与智能计算之间的差别比较清楚，但对于日益复杂的大规模计算可能会呈现出一种"你中有我、我中有你"的复杂交叉情况。

在人的学习与研究过程中常常会出现灵感这一现象，王国维借辛稼轩的词《元夜》中的词句"众里寻他千百度，蓦然回首，那人却在灯火阑珊处"来形容这种百思不得其解突然就像得到上帝的启示一样找到了解答的现象。复杂性研究的人将此种现象归结为思索过程中的涌现行为并认定这是非线性复杂性引起的，但至今在计算机仿人的思维中并未能揭示或复现这一有时非常有价值的过程。

二、经典控制与智能控制

控制界在近年来的共识认为控制器的设计从信息科学的层面看，其核心是控制算法的设计，控制算法主要根据系统的输入与输出信息、系统及其可能产生变化的信息、系统工作环境的信息，以及对系统所提任务和要求变化的信息，经过采集、加工、分析、计算以形成系统能接受并可据此进行工作的控制命令。控制命令的形成，一个是对形成命令所需信息的齐备，这中间首先是对控制对象的认知，即对系统进行建模，而对无论是输入、输出、环境变化等一系列信息的认知都涉及信息采集与加工、信息的传输等。无论是关于建模等为控制命令的形成所需的信息准备工作，还是在信息相对齐备后形成控制命令的过程，都包含了各种必须行之有效的计算机算法。这些算法由于问题的特点，既可以是传统的也可以是智能的，这自然取决于使用这些算法的具体条件与要求。

从控制器研究与应用的历史分析，人们发现要对系统进行控制，传统的想法是必须首先对系统有所认识，但这种认识也可以基于对系统的工作原理及其性质的分析，而未必一定要用数学方程表述出来。1788 年 Watt 针对蒸汽机制造出离心调速器并未真正从方程和稳定性分析出发，直到 1868 年物理学家 Maxwell 针对离心调速器和机械钟表的擒纵机构写出"论调节器"一文才首次在世界上利用理论工具对这两类系统进行了分析。

自从 20 世纪开始，先是机电工业，继之是交通航空等工业的发展，按当时系统工作的条件与要求，促使以反馈为核心思想的单回路单变量控制系统得到发展，而积分变换及其在电力系统中所适用有效的运算微积的方法使在系统中常用的微分、积分和经过微分方程等的运算和相当复杂的元部件联结的关系可简单地化成传递函数的代数运算并用简明的标上传递函数的方框图表示出来，这就使得以传递函数或频率特性为主要工具并有很好工程直观的经典控制理论得以发展成熟，而这一方法在理论上并无特别深刻的理论内涵，但却能十分有效地解决当时控制工程上提出的众多问题，并形成了一套系统地解决控制器设计的方法，当时的实践表明该方法的有效性。而这一理论方法由于只能处理单回路控制系统，在面对日益复杂的控制对象时迎来了挑战。

这一方面最著名的挑战就是关于卫星的姿态控制，由于描述卫星姿态的 3 个 Euler 角在动力学上存在非线性的耦合效应，这使它不能像亚音速飞机在巡航飞行时那样实现解耦，于是采用任何线性单回路控制的技术处理大范围姿态控制均被认为是不合适的。卫星自然只是指出建立在单回路系统之上的调节原理不再合适的一个例子，面对这一挑战应运而生的就是多变量和非线性控制的理论的出现，这个理论的特征就是模式的一般化，系统性能要求也只能以一般化的方法给出。正由于此立即吸引了大量数学家的兴趣，这种兴趣使得控制理论特别是控制的数学理论取得了极其丰富的成果，自然这些成果中确有不少对控制工程起到了促进作用，但从总体上讲，数学上有价值的成果常常与工程实际的需求差之过远。

与此同时由于计算机技术的突飞猛进，为控制工程实际工作者提供了新的更加有效又便捷的工具，把控制工程实际的传统且行之有效的方法利用计算机使其变得更加方便好用。使得控制工程的工作者对控制理论一方面感到高不可及和生疏陌生，另一方面感到这些理论又完全不能满足实际需求而日益对其疏远与漠不关心。

另一方面控制理论的研究者从数学的兴趣出发，自认为这种兴趣是符合实际要求的或根本不屑讨论实际要求，另有些人由于自己实际所受的教育与训练使其根本不具解决实际问题的能力退而只能研究理论，这种分离促使控制工程与控制理论这两个本应紧密联系的人群渐行渐远，各自找到自己发挥聪明才智的地方并都有满意的获得感，以致部分控制应用的专家针对控制的很多理论无法应用直言不讳地宣称："控制理论这样搞实际上已经走到了它的尽头。"

控制系统从本质上讲具有两重性，一方面它是一个信息系统，其中输入输出关系主要依靠信息及其间关系加以描述，但另一方面它又是实实在在的物质系统，物质系统的运转必然带有这类物质系统的特性，包括它能顺利工作的环境、客观必须遵守的约束和限制、组成系统的元部件所具有的能力等不是纯粹信息层面的因素。就是从信息层面考虑系统中信息之间的关系的实现时也并不都能用简单的数学关系式进行刻画,因为信息本身都有载体而载体本身又都是物质的。

从数学角度研究控制如果不是针对控制系统的客观实际,往往只是在数学上有意义而对控制的真正实现却帮助很小,其根本原因之一在于他们没有习惯也没有能力去思考在他们所研究的模型基础之上输出信息如何能有效获取以及输出信息怎样才能有效地形成控制命令并有效地对系统发生作用,而仅把兴趣放在针对模型所能得到的某些与实际系统设计与运作并无直接关系的一些性质上。

这方面一个突出的例子表现在由于包括航天需求在内考虑的弹性体控制问题上,一方面从事实际工作或力学的人总把兴趣集中在振型分析基础之上的方法,由于这不仅可与物理实验、仿真等相结合而且易于必要信息的获取,而从事理论研究的则更乐于将其视为典型的分布参数系统的理论,而且所用数学工具由半群理论直到 Riemannian 几何,文章很多真正能用的却很少。

另一个制约理论与应用结合的因素是数学从一般式模型得到的一般化的概念与实际要求存在很大的差异,数学能证明的性质往往是一种定性的性质,例如极限与收敛,这在控制理论的很多地方均依赖其说明方法的优点,例如参数辨识与估计的收敛性,系统中运动的渐近稳定性等。但这种定性结论对于控制工程中的定量要求并不能直接给出答案。数学对于问题能否求解往往给出的证明是一种存在性的证明,无论是收敛性还是存在性,在人们研究控制问题时均具有重要的指导意义,但对于控制工程来说,仅指明方向是不够的,人们更希望能给出具体的方法以保证落实到工程可以接受与可以用的程度,以及指出定量的结果。

数学的很多定理在比较简单纯化的情况下有明确的结论,并且很多情况下均很方便地运用来证明控制科学中的结论,但随着控制系统复杂程度的增大、容量的扩展,使得这些方法在取得一定进展以后就陷入停步不前的状态。

例如 20 世纪末控制理论上兴起的切换系统,人们希望这种理论能解决有关电网稳定运行的问题,对于发生在电网中可能的切换无法预知,于是这类稳定运行的问题在理论研究上就归结为多个系统存在公共 Lyapunov 函数的问题,而后者只有阶次很低时才有明确的结论,而这刚好是阶次很高的电网所无法接受的。

另一个例子是神经网络的研究刚兴起不久,人们也企图利用已有的 Lyapunov 方法去讨论神经网络的性质，起初对于低阶的系统还是有一些进展，但对于后来发展起来的多种类的乃至多层结构复杂的神经网企图再用严格但理想化了的数学理论提供启示实际上就成了天方夜谭式的愿望。

产生上面的问题并不能责怪理论数学与从事理论研究的数学家，因为任何一门学科的能耐都是有局限的，各个学科都有其成为学科的框架并有其能解决问题的范围，如果对学科提出超越其能起作用范围的问题和要求，那只应反省自己对该学科的定位是否恰当。

上述分析表明控制科学的进一步发展必须在数学与计算机这两个支撑上更加依赖计算机的作用，不仅将计算机作为复杂计算的工具，而且应充分发挥计算机在人工智能上的巨大前景，使之介入到日益复杂的控制系统设计、运行、监控中来。

当前一些数学家已经进入到这些包括大数据、搜索引擎及很多计算机智能领域，他们灵活地运用各种数学知识帮助解决计算机及相关智能问题，建立行之有效的算法，我们期待他们的合作在新一代的控制科学发展中发挥更好的作用。这种趋势说明了一个现象，即算法工程师特别是智能算法工程师今天不仅在人工智能的领域中担当重要角色，而且在相关的 IT 企业中已成为极重要的岗位。

三、人工智能为控制带来的机遇和挑战

传统的控制的做法总是在建模后根据模型与对系统的要求等设计控制器，然后将控制器接入闭合系统后再进行适当分析、仿真和调试后，系统就可以进行正常工作了，但由于系统越来越复杂，不少影响系统运行的因素并不是事前能够估计的，经常存在的各种干扰有时会因突发的原因而对系统产生较大的影响，这就使得一种不断建模、验模与控制过程同时进行的控制系统成为必然。

这种建模与控制的一体化的趋势在建模只是重新确定系统参数的情况下已经有几十年预测控制研究的历史，而当今可能面临的问题是系统在相当陌生的环境下工作，此时可能要求系统对自身和环境能做出自主判断，也许会涉及系统模型因大的重构而改变，使得这种一体化不仅必须在线考虑而且更为复杂与困难，这为主要依靠计算机与人工智能技术的在线解决提供了机遇与形成了挑战。

30 多年前，关肇直和许国志两位先贤针对当时流行的大系统热就明确地指出："系统规模大不是问题的实质，从理论上讲规模大的线性系统与规模较小的线性系统并无本

质上的差异，问题在于非线性，而特别值得研究的是上层由运筹学决定而下层由动力学确定的复杂系统。"

时间过去了30多年，这类系统在工业界已经出现，而且借助计算机已经进行了有效运行、管理与监控，而对应的理论却仍在孕育之中。后来出现的离散事件动态系统（DEDS）则并非遵循以时间为序的动态过程而是以离散发生的动态事件触发的系统，这种系统本身的研究已经表明纯粹依靠严格数学远不如利用计算机研究有前途，而当这种DEDS在实际应用中其下层往往是通常的动态系统，这类混杂的系统的研究其解决途径无疑将主要依仗计算机及相应智能研究的进展。

长时间运转的系统难免会出现亚健康乃至病态的情况，此时作为自主控制的要求就必须具有自诊断、自修复，以及带病运行（容错控制）的能力。此时关于在线系统重构与辨识成为必要，这种情况并不都能简化用传统的方法解决，有时需要进行智能式的诊断与处理，于是我们就不得不应对处于健康的、亚健康的、病态的系统一起工作并寻求恢复的局面，这种局面也只能依靠计算机以及智能技术。

现代工厂常常是一个体系在运转，而现代的战争已经成为不同体系之间的对抗。一个体系常常是很复杂的，它是由多种模式构成的多重结构，从时间与空间上都会呈现出多尺度的特征，由于大的体系必然会带来大量传感器的使用和通信成为系统中信息传递所必需的形式，传感器的大量使用带来信息丰富的同时必然提出如何充分利用丰富的信息而提炼出最有价值的信息并经过分析与加工以产生控制、管理与决策的命令，通信的进入使得原有控制系统中信息传递被假定为不受任何通道限制这一条件受到了挑战，这是因为通过信道通信方式获取信息必然要受到信道容量和传递方式两方面的影响，而这些影响在现代战争和现代工厂体系中是不能忽视的，这表明这种管理决策、控制与通信一体化的体系，无论是单个体系的正常运行还是体系间的对抗都将面临新的多方面的挑战。

正如一个复杂的社会常需要充满智慧的领导一样，要控制这类体系的运转正常一定需要充满智慧的计算机系统，而这也就自然地召唤智能科技的进入。

千里之行，始于足下，面对如此复杂的系统控制问题，不可能存在一个一劳永逸的良方妙药，而必须针对每一个科学与技术问题逐个解决，在此基础上再加以集成，而在集成的过程中也会重新对原问题的解决提出新的挑战，这自然是一个十分困难的任务，同时也给予我们足够的发展空间去克服由于可能出现崭新局面而带来的困难。

四、对智能控制研究的几点建议

针对日益复杂的控制任务，人工智能的进入有可能弥补原有控制方法的不足，但人工智能与智能算法毕竟对控制来说仍然是一个需要认真研究的对象，既不能拒之不用也不能一哄而上，其中一些问题是必须认真考虑的。

（1）控制的传统方法已经发展了近百年历史，围绕这个方法已经发展了成套的理论、方法及仿真实验的手段，这是一笔宝贵的资源，而且过去的历史已经证明在很多相对简单的情况下也是行之有效的。从控制应用的角度考虑问题应该是谁好用谁，但为了明确谁好这一点，则应该在相对纯化的环境下认真研究智能控制与传统控制各自的优缺点与适用条件以便做到优势互补。

模糊控制在相当一段时间里受到非议的主要原因是他们说不清什么系统用常规控制做不了只能用模糊控制，这实际上表明对于模糊控制的优点的阐述人们还常停留在思辨式的层次上进行表述，而缺乏科学意义下的检验。因此对于智能控制必须进行扎实的研究工作，杜绝口号式、想象式或思辨式分析作为科学依据的做法，真正发掘其优缺点与适用条件。在控制系统设计进而运行上则应将智能的与常规的控制方法结合起来实现优势互补，我们应认清一点，并不是所有的智能技术都能用于控制，也不是所有控制都一定要用智能技术。

（2）由于智能的基础并不在于有确定模式下的数学推演，而是同其他自然科学一样，实验在其中起到重要的作用，这种实验首先是在计算机平台上的实验，这表明智能控制理论从方法论上应与传统的控制理论研究有所区别，即不能依仗数学的严格证明而把数学的作用主要用于算法的设计上，对于智能控制的方法在提出思想以后首先是设计算法，然后在计算机上做信息层次上的实验，用实验来验证理论思维的正确性。

（3）建立一个适合于智能控制研究的仿真平台。搞控制理论的人常对什么叫仿真产生误解，认为按方程式设计好控制器然后闭合系统利用计算机算一个例子就叫仿真。实际上仿真是指建设一个与真实世界相仿的体系，在这个仿真体系上进行仿真运算可行的控制器在接上真实的控制对象后就应有同等的效果，即仿真平台是模仿真实场景的用计算机构成的平台，在仿真平台中某些单元在用真实物理部件代替后也应可以正常工作，因此仿真与实验实际上包括计算机仿真、半物理仿真及实际接入系统的实验。在控制工程中使用常规控制的方法时，这一系列仿真与实验已经配套成熟，在计算机仿真层次上也有专门的仿真机。对于智能控制，类似的仿真装置也应建立起来。对于仿真设备，首先要求的是建立仿真体系以保证实时性，并同时能对仿真结果的有效性有评估的标准与对应的算法，而且会进一步指出所用控制器改进的方向。

仿真领域已经有数十年的历史积累，而针对智能控制的依然不多，针对智能控制的仿真平台的建立对于有效地将人工智能用于控制领域具有不可替代的极其重要的作用，这个仿真平台应该与传统的仿真平台能相容以使在实际应用中实现优势互补。

（4）在工业实体中针对需求建立由计算机、人工智能、数学、控制和行业专业领域的人才组成的智能控制联合研究中心，担负发展新的智能算法、建立针对智能控制的仿真平台和将智能控制应用于所在行业的任务，在一定程度上实现资源共享并以此中心为基础建立智能控制的研究基地以真正落实智能控制的研究。

第二节　人工智能的内部控制

人工智能技术能给企业内部控制带来高效和便捷，但同时也会引发潜在的控制风险。本节对人工智能与内部控制的现状进行了分析，总结了人工智能背景下内部控制的风险，并提出了基于人工智能的企业内部控制风险的防范措施，具有一定的现实参考价值。

由于人工智能高效便捷的优势，在企业内部控制中得到了广泛的应用，它在提高内部控制有效性和可靠性的同时，也潜藏着内部控制的风险。本节拟对人工智能背景下的企业内部控制潜在风险及其防范措施进行分析。

一、内部控制

内部控制（Internal Control）是为企业实现既定经营目标而采取的一系列控制制度。内部控制的有效实施可以保护企业资产安全，保证财务信息完整可靠，防止企业经营风险。人工智能技术在企业内部控制中被广泛应用，同时也对内部控制风险的防范提出来了更高的要求。

二、技术发展及研究现状

1987 年，美国 AICPA 发表文章《人工智能与专家系统简介》，分析总结了人工智能系统能够在财务管理领域中发挥的作用，揭示了两者之间的关系。2007 年 7 月，国务院发布《新一代人工智能发展规划》，提出了我国人工智能发展的指导思想、战略目标、重点任务和保障措施。2016 年 3 月推出的"德勤财务机器人"，2016 年 8 月推出了"芸豆会计"全自动、智能化的财务系统，使人们对人工智能在财务中的应用有了全新的认识。

人工智能技术的发展对内部控制有着重大的影响。乔恩·拉斐尔提出，利用人工智能解决信息传递速度与成本之间的困难，让审计人员从枯燥烦琐的体力劳动中解放出来，将精力与时间集中在提高审计质量，提升内部控制水平之上。王菁等认为，人工智能的出现可以帮助财务人员区分有用与无用信息，及时、便捷、科学地做出财务决策，这对企业的内部控制经营至关重要。余应敏等（2018）认为，财务机器人的应用必将进一步简化企业的管理流程、降低管理成本等，但同时基层会计将面临失业或转岗的压力，企业内部控制亦会面临新的难题。因此需要分析在企业内部控制中的应用与可能存在的风险，并探索风险规避的方法。

三、人工智能在内部控制中的应用

人工智能技术能给企业内部控制带来高效和便捷的优势，因此被企业广泛应用。人工智能在内部控制中的主要应用于云计算平台、数据处理、智能机器人、风险管理等方面。

（一）云计算平台

随着人工智能时代的到来，所有企业都需要改变传统的观点，向数据分析型企业转型，构建会计大数据分析平台，全过程、全方位、全员地利用数据。构建会计云平台的基础是构建大数据分析平台，这要求企业完善内部控制体制，协调好各个部门之间关系，形成一个灵活的、可拓展、可延伸、易管理的云计算平台。

（二）层次化数据处理

人工智能对企业内部控制可以分为三个层次：第一层，对基层业务进行财务数据读取，并进行合规性检查。第二层，对数据进行分类、汇总与分析，完成数据的过滤性。第三层，借助人工智能实现异构化海量数据的处理，数据分析后自动生成分析报告。

（三）智能机器人

财务人工智能可以有效解决大量烦琐、机械化的财务工作，把复杂的财务信息分解成子信息，借助财务人工智能系统探索求解。比如德勤、普华永道、安永、毕马威都陆续引进适合自己业务的财务机器人。

（四）风险管控

人工智能可以使内部控制深入到企业经营各环节中去，提高内部控制效率，并能进行不同的内部控制风险预警处理，做到事前、事中、事后的三重防范，及时、准确地处理问题，使企业损失降到最低。

四、基于人工智能的内部控制潜在风险

人工智能技术给企业带来高效和便捷的同时，也引发了潜在的内部控制风险。可能产生的风险，主要表现在数据获取、信息泄露、人员舞弊、新兴技术、人员匮乏等方面的。

（一）数据获取风险

系统或平台的业务，都是以既定的业务流程，将处理结果以某种形式进行展示。但在人工智能时代，按业务流程获取数据也极易出现获取的风险。数据获取结果的呈现往往导致知识产权安全的问题，如一级搜索引擎获取数据，后被多级挖掘数据背后的二级价值，再被一级搜索引擎所引用，相互间的数据存在知识产权问题。

（二）信息泄漏风险

目前环境条件下信息泄漏事件频发，在案件处理中数据产权归属成为焦点。各行各业都涉及大量数据交互，任何一个企业信息泄露，不仅会对用户财产造成严重威胁，甚至会危及整个社会经济、政治、人文等的发展，所以，企业必须严把内部控制关，避免企业信息泄露。

（三）人员舞弊风险

人工智能的应用，需要各环节的互通协作，这就必然存在经办人员舞弊风险的控制

问题。环节越多控制风险也会相应增大，企业应该根据不相容职务分离原则，制定严密的风险控制措施。如近期我国快递行业频发的客户信息被泄露事件，都是内部员工涉嫌盗取用户信息数据。

（四）新兴技术风险

新兴技术由于项目不完全成熟，其运行系统本身固有的缺陷和问题，加上网络故障、基础设施、系统方案、人员操作等失误，都会造成严重后果。企业对信息越依赖，系统出现问题后的损失也越大。如 2017 年 5 月 Windows 操作系统在全球范围爆发了勒索软件（Wanna Cry）感染事件，使全球 100 多个国家用户加密文件删除受损，多个行业遭受冲击。

（五）人才匮乏风险

大数据、人工智能的广泛应用，加速了各行业发展，同时也出现了人才缺乏的问题。企业往往会竭尽所能地去挖掘行业顶尖人才以适应企业发展的需要。据统计，目前大数据分析与处理人才缺口 2000 万左右，需要各个高校开设人工智能相关学科，尽快培养适用人才。

五、基于人工智能的内部控制风险防范

人工智能时代，企业内部控制在技术、制度、人才方面都面临着重要的机遇和挑战。因此，企业内部控制体系的构建要立足于技术发展、制度建设与人才培养，扩大内部控制的优势，防控内部控制的风险，使企业搭乘信息技术时代的顺风车，平稳、经济、高效地发展。

（一）加强政府监管，提供信息平台

政府运用大数据进行监督和管理，从层次和制度两方面进行。第一，在层次方面，政府要起带头引领作用。政府部门拥有大量数据，但向公众发布的数据极少，大部分数据的价值未得到发掘；政府要调动企业、单位、个人的积极性，共同设计大数据系统，建立大数据、物联网、平台三位一体的机制体系，挖掘深层价值。第二，在制度方面，政府要主导制度规范建设。为了进一步提高数据的公信度，政府要主导建立健全法律制

度，保证数据的获取、收集、分析、整理、储存、发布、决策、实施与监督等使用大数据全流程的准确性，推动大数据规范化发展。大数据规模大、时效强、密度大等特点决定了大数据预处理过程将很复杂。所以，政府必须推动大数据信息平台的整合，着力推进数据的收集与汇总制度，要以企业为主体，加大大数据的关键技术研发、产业发展和人才培养制度。同时，政府要在不降低信息质量的前提下，对公开数据进行预处理，兼顾公民隐私保密的问题。

（二）注重公司治理，严格管控风险

公司内部控制系统要从全局的角度出发，高度重视信息技术风险的治理，最大限度地利用资源。时刻保持风险管控意识，不仅要求技术的安全，还要重视安全的管理。公司要建立长期战略目标体系，并量化成中短期具体实施方案，从上到下建立信息安全体系，确保整个系统的整体性、延续性和稳定性，合理利用人工智能技术资源，恰当管控风险。使公司治理组织扁平化，责任归属到具体部门，制定风险防控保护等级机制，以最大限度地提高经济效率。

（三）培养风险意识，建立管控机制

企业要在风险控制框架下，建立适应人工智能环境的内部控制系统，有效管控风险。企业的内部控制应该以内控机构为主导，各个内控部门相协调。部门的每个一线人员都应该进行专业化的培训，明确企业的风险管控机制及营运目标，自觉运用风险控制手段管控风险。这样才能在出现未知风险时，一线人员能在自己的控制责任范围内及时、有效地对风险进行处置，可以避免因层层上报不能及时处置而造成进一步损失。人工智能技术的实施很可能会带来一些未知的风险，而这些未知风险的防范是机器人所不能解决的，还是需要风险管控人才进行处理。所以说，企业必须培养全员的风险意识，建立严密的风险管控决策机制。

（四）严控技术风险，提高预警能力

人工智能时代，企业的内部控制在很大程度上往往依赖机器管控，而忽视技术部门人员的因素，存在技术安全与风险问题。控制技术风险应该做好以下几个方面：第一，适度授予处理风险的权力。只有给予参与人员一定的处理风险的权力，才能保证在风险出现时得到及时有效地把控，避免或减少企业可能遭受的风险损失。第二，保证技术的可靠性。企业在实施内部控制过程中，要保证控制技术的可靠性和可行性，要备有技术风险应急预案，有效控制风险。第三，加大技术资金投入。智能企业要走在技术的前面，必须建立专门的技术团队，这离不开资金的支持，企业应该着眼全局和长远，保证技术资金的投入。第四，提高内控的预警能力。企业应该加强对全员的培训，提高其风险意识和风险预警能力，可以借鉴国内外先进的内控系统，使出现的漏洞得到及时修复，规避控制风险。

（五）控制重点环节，保证系统安全

企业要对选择的人工智能相关软硬件进行严格审核，由内部控制部门联合内部各相关部门定期进行安全测试，并在使用过程中对其运行的各项软硬件进行实时监控。对每个控制环节，尤其是控制的重点环节进行严格的监督，以保证内部控制系统的稳定和安全运行。内部控制部门还要与内控系统的设计开发、运行使用、维护保障等专业人员加强联系，联合开展内控系统的安全管理工作。

（六）加强安全合作，构建沟通机制

人工智能时代，企业之间的信息沟通机制往往是开放，各企业都要密切关注市场的变化，从自身的优势资源出发，扬长避短，探寻企业发展的机遇，规避可能遇到的风险。在人工智能背景下，任何企业都不可能隔离于社会，都是瞬息万变的大环境中的一员，必须加强内部控制信息安全合作，及时发现信息数据安全漏洞，协同进行风险管控。

人工智能技术是社会科技进步的产物，由于它的高效便捷的优势，在企业中已经得到了广泛的应用，尽管在运用中潜藏着内部控制的风险，但只要企业做好控制风险的防范，妥善对待带来的机遇和挑战，建立人工智能系统的风险管控方案，企业就能搭上人工智能的快车，持续向前发展。

第三节　人工智能与社会控制

人工智能，已经广泛运用于技术领域的人力替代工作，同时开始运用于社会控制。社会是一个复杂系统，社会成员对社会体制存在顺从或反抗的选择。因此，社会是需要

控制的。人工智能为有效的社会控制提供了强有力的技术手段。人工智能对日常社会信息的收集、甄别、筛选与使用，为常态下的社会控制提供了人类智能所不及的便利，保障了社会控制的高效率。但人工智能并不能保证社会控制无条件奏效。基于常态的社会控制，人工智能可以发挥重要作用。但在社会控制失效、社会动荡和社会暴乱等社会失常的情况下，人工智能也对社会控制无能为力。对持续有效的社会控制而言，保证社会常态，杜绝社会失常，建构良序社会，是人类智能与人工智能交互作用，发挥社会控制效用的首要前提。

人类对人工智能（AI）的强烈期待，一方面是将人类从繁重的体力劳动中解放出来，另一方面是解决人类智能的不及而对人的发展发挥助力作用。但这些期待落实于社会进程中的时候，总是与社会控制（social controls）紧密联系在一起的。因为迅速发展的先进技术，一旦与既定社会秩序不相吻合，必然会造成两种不合预期的后果：要么社会利用相关技术，维护社会秩序，让技术成为社会重构的工具；要么运用技术失当，技术颠覆社会秩序，而让社会陷入紊乱状态。如何使人工智能这样的技术与社会发展、适当的社会控制吻合起来，便成为人们思考迅猛演进的人工智能与社会发展关系的一个重要切口。当下的社会控制，愈来愈依赖人工智能。但社会控制不能单纯仰赖人工智能。社会控制的有效性依赖于社会成员与社会机制的积极互动，也就是人类智能与人工智能的恰切互动。一旦社会控制超出社会的承受程度，再怎么先进的人工智能也无法对一个失常社会加以管控。唯有成功建构一个良序社会，才能保证人工智能在社会控制中发挥人类预期的作用。

一、社会控制及其智能化

社会的构成是复杂的，因此，为了保证社会的基本秩序，社会需要进行控制。人们习惯于在从简单到复杂的演进线索上看待社会的构成状态，这样的看法并不是针对社会构成复杂性的古今一致性而言的，而是针对复杂性程度高低而言的。相对于单个人、原初组织形态家庭，社会的构成本身一直就是复杂的。尤其是政治社会或国家出现以后，社会构成的复杂程度陡然升高。可以说，社会构成就其存在形态来讲，历来就是复杂的；但社会构成在认知上的复杂性程度，则具有很大差异。尤其是在古今维度上看，更是如此。在古代社会中，人们对社会作为复杂存在的感知与认识，明显是有限的。这与古代社会存在大量尚待展开的社会因素有关，也与人们认知社会的理论积累薄弱相联系。随着社会要素自身内涵的渐次展开，以及人类自我认知的理论积累的逐渐厚实，社会复杂性的认知也就达到一个相应的高度。

社会的复杂性，以及建立在复杂性基础上的社会稳定性，从三个方面直接表现出来：一是需要建构良好的社会价值基础。价值偏好是人各相异的，群体之间的价值立场也有很大差异。因此，当社会需要建构良好价值基础的时候，如何协调个人、群体与社会之间的价值关系，就成为一项困扰人类的恒久事务。二是需要建构有序运作的社会制度体系。这一体系包含政治、经济、法律、文化、教育、技术等内容，这些社会要素相互间的制度安排及其适配性如何，决定了社会是否能够顺畅运转。三是需要建构社会日常生活世界的秩序。人的日常生活，一般不外油盐酱醋、衣食住行。但试图满足社会成员对此的日常需要，则不是一件容易的事情。它既需要成员之间的自发协调，也需要日常社会建制意义上的良风美俗，这是一个社会在日常生活世界长期磨合才能生长出来的底层秩序。如果一个社会确立了适宜的价值基础、建构了有效维护秩序的种种社会制度、确立了日常生活世界的良好秩序，那么，这个社会就是一个实现了善治的社会。反之，就是一个让人处在惊恐不安、无以安心生活，更不可能追求卓越的失序和无序状态之中的社会。面对这两种判然有别的社会状态，人们当然需要去精心设想、努力建构和全力维护一种有利于社会善治的秩序机制。这就使一种值得期待的社会控制机制成为必须。失去有效的社会控制，社会就会滑入失序或无序状态，这不能不让人警醒。

可见，社会控制是与社会的结构特征内在联系在一起的。由于社会成员之间在生存与发展上实际存在着巨大差异，为了获得各自所需要的资源而展开的争夺势不可免。建构必要的社会、政治、法律秩序，有助于将这类争夺引导到一个有序而为的状态。否则，全无秩序的资源争夺，必然对一个社会建制的存续发生颠覆性作用。就此而言，社会控制就是一个建构与维护秩序、破坏与颠覆秩序的边际界限的驾驭问题。"社会系统不能认为是完善整合的和自动自我调节的。在任何社会系统中，都将会有相互冲突的社会力量的操作，并呈现辩证的发展。不同的行动者和阶级以不同程度和不同性质的方式关联于不协调的发展。这些由于制度设置的发展和操作影响产生的敌对行动者可能社会地表达他们的不利条件和被剥夺性，例如利用福利或平等（或其他的思想根据）的规范和价值观念。他们也可能被组织（或能够主动地组织，特别在民主社会）和动员起来采取社会行动改变制度设置或者至少其中（从他们的观点看）不合理的性质。这些活动常常把他们引进同那些利益和职责关联于系统再生产的人们的冲突之中。即冲突的发生涉及制度的维持（再生产）与制度的重建和可能的改革要求的对抗。因此这样的冲突能够干扰或阻止再生产过程，肇始社会改革的阶段。"这是基于社会是一个宏大系统，因此必须对构成这一宏大系统的各个子系统加以调节和适当控制，否则社会这个宏大系统就难以顺畅运转，就有陷入混乱状态的危险。

社会控制的直接目的是为了维护既定的社会系统。但既定的社会系统，肯定会将社会成员区隔为这一系统的明显受益者，相对受益者、明显受损者与相对受损者两大部分，这两部分人群在认同既定社会系统或社会秩序的自我感觉与行为决断上具有显著差异：前者是维护既定社会系统的力量，尤其是明显受益者构成现存社会系统的坚定维护者；后者是不满既定社会系统的集群，尤其是明显受损者构成了现存社会系统的坚定破坏与颠覆者。基于此，社会学给出一种基于防范破坏既定社会规则人群的狭义社会控制理念。破坏既定社会规则，也就是破坏既定的社会控制秩序。按照程度来分，轻者成为人们眼中的越轨者，重者便成为触犯法律的犯罪分子。显然，为了维护社会秩序、社会规则，必须对这两类人进行有效的社会控制。针对越轨和犯罪的狭义社会控制，具有两种基本形式：一是内在社会控制（internal social controls），二是外在社会控制（external social controls）。就前者言，它寄望于个人对群体或社会规范的认同。一旦社会规范内化成功，一个人就会在有人或无人监视的情况下自觉自愿并且持续不断地守规。这对社会控制来讲，自然是最值得期待的结果。内在社会控制主要依赖于价值观念的塑造和内化。它对社会大多数人来讲，是观念与行动受控的主要途径；对越轨的防止和犯罪的改造来讲，也是最为深沉的内化动力。就后者论，主要依赖于社会制裁手段。这些制裁可以分为非正式的社会控制机制与正式的社会控制机制两类。前一方面主要呈现为个人所在群体的不赞成到群体的拒绝，以及身体惩罚；后一方面则主要呈现为专司社会控制之责的组织与职位的控制方式。如警官、法官、监狱看守、律师，以及法官、社会工作者、教师、神职人员、精神病医师和医生，就是实施这类控制权的人格载体。这主要是针对越轨者、犯法人士与犯罪分子设计的社会控制机制。这类社会控制的目的，"旨在防止越轨并鼓励遵从"。

在既定的整体社会系统中，国家权力体系是维护这一系统、旨在捍卫现存社会秩序的核心力量。在社会控制系统中，国家权力总是想方设法让社会中维护既定系统的力量受到鼓励，而全力使社会中破坏与颠覆既定系统的力量受到强力抑制。同时，国家权力也致力激活社会中那些乐意或愿意维护既定系统的各种能量，让社会成员和社会组织一起来同心合力延续既定社会系统。因此，国家会倾力设计行之有效的广义的社会控制系统，同时也会耗费不菲资源设计并实施狭义的社会控制体系，以期在社会宏观结构与实际运行建制上构造出有利维护社会秩序的社会控制机制。

在国家控制社会、社会自我控制的进程中，逐渐形成了社会控制的实际体系。在构成形态上，社会控制体系长期呈现为主要依赖人类智能，引入控制技术手段的受限形式。这是技术革命爆发以前的基本状态。但对技术手段的设计与借重，一直是社会控制系统的显著特点。相关的技术手段呈现出从粗糙、稀少到精细、繁多的发展趋势。在古代社会，社会控制基本上依赖人类智能的完成，这是受政治社会或国家建构能够得到的技术支持手段与技术发展水平决定的情形。当其时，政治社会的运行受宗教、政治、军事、法律等手段的支持，即可有效运行。但社会控制中对技术的低度引入是必须的。因为即便是古代社会的控制体系，也不可能完全依靠人力来完成，利用足以延伸人力强度与技巧的技术方式，就成为有效控制社会的必然。譬如通信上驿站的设置、军事上烽火的引入、社会上密谍的设立等。随着技术在现代社会的迅猛发展，技术被广泛引入社会活动领域，社会控制的技术水平明显提高。在机械技术时代，社会控制领域大量借助机械制造物以改善人力不及的、处理繁重管理事务的技艺。在自动化技术时代，社会控制领域更是普遍借助各种自动化技术手段处置社会控制事宜。如今人类迈进人工智能技术突飞猛进发展的时代，社会控制借助种种人工智能技术，进入一个人类智能似乎有所不及的新阶段。

社会控制的智能化，是社会控制与技术系统紧密结合的必然结果。所谓社会控制智能化，一方面是指社会控制设计与运作过程中对人工智能的引入。譬如交通控制智能化水平的大为提高，大大缓解了人类智能直接设计交通控制系统时交通繁忙情况与控制能力低下的矛盾。在电脑模拟设计交通控制系统的条件下，交通疏导的效果得到显著改善。而人脸识别的启用，将长期得不到侦破的刑事案件一举破获，人所周知的北大学生弑母案主角、作案后消失三年之久的吴谢宇，就是机场人脸识别系统捕捉到他的行踪的。数起杀人抢劫犯罪嫌疑犯、作案后逃亡达 20 年之久的劳荣枝则是经由大数据分析现形的。另一方面，社会控制智能化则是指人工智能系统直接作为社会控制系统发挥作用，一般不再需要借助人类智能与人类体能发挥直接控制作用、维持社会秩序。譬如当今中国较具规模的城市社会中，日益发挥重要的社会控制效用的天眼系统。"'天眼'数字远程监控系统通过企业内部互联网（intranet）和国际互联网（internet）实现远程视频监控，主要适合于连锁店、幼儿园、家居、工厂、公安消防、银行、军事设施、高速公路、商场、酒店、旅游景点、小区、医院、监狱、码头港口等地。"连通几乎所有公私场所的"天眼"，就其直接的数据收集而言，无须人力资源，就可以对这些场所的社会秩序发挥保障功能。可见，人工智能系统在社会控制的各个领域已经开始发挥广泛而直接的作用。

二、社会控制前提与智能化致效

社会控制尽管已经发展到智能化的阶段，但社会控制如何真正奏效，还是一个需要深入探析的问题。一方面，需要理性确认的一点是，社会控制并不是封闭自足的事务，它依赖于种种先设条件。这些条件包括：社会的建构是否公正，社会资源的占有与分配是否公平，社会活动主体之间的关系是否相对融洽，社会变革的渠道是否畅通，社会控制的目的是否是为了保护成员权利，等等。另一方面，社会控制总是在社会既定系统足以自我维持的情况下，才有希望实现维护既定社会体系的目标。社会控制的效用需要扼住两个端点——一是社会的僵死局面，一是社会的结构崩溃——进而在两端之间展开社会愿意接受的控制过程，并在这一基点上使用可加利用的各种价值引导、制度安排和技术手段。再一方面，社会控制不是国家权力单方面的强加，而是构成广义上的国家各个方面的力量，如国家权力方面、市场组织方面与社会公众方面共同展开的控制互动。构成一个社会的诸要素之间，必须就此处在一个相对均衡的态势中，任何一方都不能占据绝对控制优势，以至于对其他各个方面实施一种控制威慑，并据此独占社会受到有效控制情况下的一切好处——如政治稳定情况下的权力、市场顺畅运转情形下的获利、社会井然有序情况下的礼赞，等等。

仅从控制的直接视角看，社会控制得以实施的前提是"社会"接受控制。这不是同义反复的说辞。"社会"接受控制，需要从两个视角得到理解：一个视角就是加上引号的那个具有特殊含义的"社会"。这个"社会"是与国家相对而言的建制，是一个公民个体将加入政治共同体必须交付的权力给予国家以后，保留下来的特殊空间。生命、财产与自由是"社会"中活动着的公民个体不可褫夺的基本人权，他们的隐私不受侵犯，他们享受宪法和国家赋予的一切合法权利，他们保有国家提供生存发展资源并享有公平对待的兜底福利。就此而言，私权的公共维护与公权的私人限制相对而在，不可偏废。与国家权力的依法治理相比较，"社会"的依法自治是其特点。在国家权力发挥社会控制作用的时候，其控制的目的旨在保护"社会"，让一个受到保护、因此保有理性精神且秩序良好的"社会"与国家权力积极互动，从而有力维护现存社会系统。可见，国家的社会控制目的不是扼制、挤压或扼杀"社会"，恰其是培育、激活和扶持"社会"。

另一个视角则是"控制"。这里的"控制"，是一个中性词，而不是贬义词。作为中性词的控制，是指因势利导，让社会在一些管控举措下生成自生自发秩序，并由此形成更有利于社会安宁和谐与持续发展的扩展秩序。作为贬义词的控制，则是指国家权力以高压手段约束和强控社会，让社会全无抵抗能力、博弈能力与自治能力，只能臣服于权力的强制方式。就此而言，中性化的社会控制，便是能够发挥良好的社会作用的控制机制：一方面是因为社会意识到相应的控制机制对社会是有利的，即有利于维护社会秩序，有利于保障社会成员的安全，有助于社会成员寻求发展，让社会处于一个安宁有序、未来可期的状态。因此，"社会"愿意接受"控制"。另一方面是因为社会意识到相应的控制机制是人们可以忍耐的。社会控制无疑会触及社会成员的隐私，当人们认为被触及的隐私不影响正常生活的时候，他们对之是可以接受的；一旦人们认为自己的生活曝光于天下，自己成为一个全无秘密的行为体的时候，他们的忍耐程度就会下降，并且在心中郁积不满。假如社会出现一定程度的动荡，这种不满就会让人付诸行为，促成颠覆社会秩序的从众行动——其循序呈现为守规的社会运动到破坏性的社会运动多种形式。因此，控制"社会"必须严格把握可控的范围，而不至于越界而为，触发与社会控制初衷相反的、破坏与颠覆社会秩序的结果。

人工智能广泛用于社会控制，是社会控制技术飞跃性发展的结果。社会控制的智能化，会收到人们此前意想不到的控制效果。在社会控制可能发挥作用的三个领域，即价值引导、制度建构与生活塑造三个领域中，其一，在价值世界里，软性的价值引导，也即是对人们的内在心灵世界的引导，仅从目前人工智能技术来讲，还显得有些无能为力。因为，人工智能还无法对人的内心世界发挥管控作用，除非人脑神经科学有了全面和实质的突破，人工智能才可能在这一领域发挥作用。但硬性的价值引导，人工智能已经能够发挥人类智能难以发挥的作用。所谓硬性的价值引导，指的是经过全面的技术监控，让人信守规矩、不耽于胡思乱想，从而在社会主流价值体系面前循规蹈矩。这就是前述的社会内化控制方式可能达到的效果。这对社会秩序的维持来说，已经凸显了一个不同于人力控制的、采取人工智能控制的完全不同往昔的结果。

其二，在社会制度设置及其守持上，人工智能已经发挥出重要的作用。仅就前述"天眼"所及的领域来看，它在维护社会基本秩序上的作用，已经大大弥补了人类智能与体能的不足，而发挥出全天候、不停歇、无伤害、无失误的守护规则、维护秩序的作用。再如连锁店的监控明显强化了顾客的守规，大大减少了偷盗行为。幼儿园的监控明显有助于杜绝教师的不合规行为，保护了儿童受到周全照顾的权益。家居中的监控对财产、人身安全发挥了积极作用，降低了入室偷窃或其他不合规则行为的概率。工厂的监控不仅监督偷懒工人，促使工人合规工作，惩戒不合规行为的员工，而且有利于保护合规或积极工作的工人的权益。公安消防监控有利于防火安全、消防灭火。银行监控有助于保护客户利益、保证雇员合规作业。军事设施监控有利于保证提高军事安全水平、保障国家安全。高速公路监控促使人们合规驾驶、减少交通事故，提升交通事故处置速率。依此类推。可以结论性地讲，人工智能引入社会控制，确实可以发挥维护社会秩序的正面作用。至于在惩罚违法犯罪上发挥的积极作用，近期案例前已论及，不再赘述。

其三，在生活世界的秩序制定与维护上，人工智能也已经发挥了有力维护日常秩序的作用。由于人工智能监控体系的运作，在日常生活的公共空间中，人们深知自己的一言一行都受到监督，因此会对公共空间的规则保有高度的警觉。在这种情况下，人们会在全方位、高技术的"他律"环境中，谨言慎行，从而形成一种至少在形式上合规以至于秩序井然的公共空间行为态势。相对于没有监控的公共空间而言，人们处在于一种自然、放松的状态中，可能在生活细节上更自我纵容，容易逾越公共规则的边界，带给他人以不便，造成公共规则的松弛，带来一些虽无重大伤害但却无益良风美俗的不利后果。

尽管人工智能对社会控制发挥了相当积极的作用，但它并不能直接保证社会受到全面、有效的控制——既维护社会秩序，同时也保有社会活力。原因在于，社会控制的"社会"接受状态，对社会控制效果发挥着决定性的影响。一个接受控制的"社会"，大致可以区分为三种社会存在情形：一是社会处在常态之下，公众接受社会控制的程度最为正常。这种常态可以简单描述为，社会处在既定社会系统自我维持的正常情形，没有遭遇社会风险与危机，而且社会控制出自理性设计，旨在维护公众利益、社会秩序和公平正义，因此公众心悦诚服地接受一般意义上的控制，并自觉践行相关控制规则。以此为前提，就会让社会控制处在国家权力、社会公众各方都满意的状态。可以说，社会常态是社会控制的先设条件。这是社会控制设计，也是人工智能引入社会控制的原初预期——社会常态，既是社会控制的起点，也是社会控制过程的着力点，更是社会控制的目的性所在。

二是社会处在一定失序情境中，公众接受社会控制的程度有所降低。这种情况可以区分为两大类：一者，少数地区、一些领域，因为一些事件，导致抗拒或反对社会控制的情绪浮现。二者，不同地区、不少领域，因为相类事件，引发社会骚动，让社会控制处于废弛状态，并可能诱导社会公众抵制或颠覆社会控制。部分地区与领域的社会失序不是社会无序。但由于这些地区与领域无法保持社会常态，社会控制的效果会明显下降。在这种情况下，即便是高效的人工智能控制系统，所发挥的作用也会明显下降，甚至在失序的部分地区与领域，显得无效。可以说，失序社会让人工智能也难有作为。譬如常态下商店的电子眼可以有效约束顾客的偷窃欲望，但在失序状态下，不仅无法防止偷盗，甚至对公开的抢掠也无可奈何，只能听之任之。除非国家暴力介入，除暴安良，才能恢复社会秩序。

三是社会处在严重失序情况下，社会拒绝接受任何控制，控制基本失效。一个社会只要不受全方位、高强度的持续挤压，以至于无法维持常态秩序，社会是不会拒绝接受控制的。如果社会控制长期处在高压控制之下，社会无法自我维持，失序无法自我修复，改革无法从容展开，那么，社会就会滑向一个逐渐失常、失控并最终丧失秩序的轨道。在社会动荡、暴乱或者革命的状态下，人们已经陷入了反对、拒斥、破坏和颠覆现存秩序的狂热之中，既定秩序会丧失它曾经发挥的社会整合能力，曾经循途守辙的人们此时满心期盼的是新的社会秩序。在社会动乱的情况下，技术监控体系完全无法发挥常态下的作用，并且国家权力方面会担忧这一体系被反抗活动的组织者与行为者所利用，甚至会关闭监控体系，直至下重手关闭互联网。人工智能的社会控制系统就此丧失它的社会效用。

可见，在社会控制的智能化时代，并不见得就降低了社会控制的难度。相反，因应于社会运转、社会变迁与社会周期调整社会控制，做到张弛有度、理性有效，才有希望保证社会控制智能化的满意效果。

三、驾驭风险

与所有社会控制手段一样，人工智能的社会控制方式，是着眼于人们普遍守法状态下的管控绩效而设计出的社会控制系统。这样的社会控制本身，需要经过预效性和实效性的检验，才能成为真正有利于维护社会秩序，激发社会活力的社会控制机制。对社会控制的人工智能机制来讲，其预效性即预期的有效性，依赖于两个先设的条件：一是技术的有效性，二是社会接受人工智能控制的自愿性。就前者言，技术的有效性是与社会控制的适宜性内在联系在一起的。这一适宜性，指的是与社会当下的控制需求比较一致的人工智能系统，它在技术上足以解决人力所不及的控制需要，并且不存在明显的技术风险，能够保证收到人力控制所不及的预期效果。就后者论，社会自愿接受人工智能的监控机制，是指让社会公众感受到这一控制机制带给人们的好处或便利，其所必然存在的侵犯个人隐私的风险不至于赤裸表露并引起人们的普遍反感，因此愿意接受无处不在、无时不有的人工智能监控。

就社会控制的人工智能技术来看，它有一个不断进步的技术发展过程。换言之，一个阶段上使用的人工智能控制技术，总是存在着便利性与缺陷性相形而在的特点。因此，当监控对象适应了这一控制技术并且发现其缺陷，或者社会公众活动方式发生了明显的重构，那么人工智能技术就必须在相应的技术进步条件下做出改进。否则，人工智能监控技术的有效性就会明显下降，以至于在技术上完全失效。这不是在社会发生动荡、失序与革命的情况下出现的技术风险，而是技术本身的发展风险。加之一种社会控制的人工智能技术本身，就存在反向的技术模仿，从而化解技术监控的控制力道，因此不仅降低技术监控的有效性，而且让一项技术成为反监控手段，甚至成为反向谋取利益的技术手段。银行支付系统中使用的人脸识别，就已经被人脸的仿真制造所突破，失去了完整保证法律意义上的真实支付者利益的屏障作用，这项技术就此可能异化为侵害本应保护的合法网络支付者利益的违法犯罪手段。

就社会控制的人工智能引入所关联的社会公众自愿性来讲，试图保证他们对这种无处不在、无时不有的高技术监控心存的自愿心理，也是一个非常微妙、复杂的事情。社会心理并不是一个高度稳态的存在。相反，社会心理的变化速率之快，常常出乎人们的意料。尤其是在一个社会心理比较敏感的现实环境中，一个牵动社会公众的小事件，就很可能引发十分意外的社会震动、社会动荡，乃至于引发大规模的社会暴乱。先撇开人工智能因素来看这样的社会心态变化，就很容易为人们所理解。突尼斯 2010 年爆发的"茉莉花革命"，就是因为一个大学毕业生找不到工作而失业，他只好上街摆水果摊，但因警察认定他无照经营，并且没收了他的货物，他愤而自焚。结果引发了民众大规模的抗议，最后导致政府解体、总统流亡。而引入人工智能因素来看，突尼斯民众对社交媒体推特、脸书的利用，可以说是反向利用人工智能技术的一个例证。可见，社会是否自愿接受控制并不是一个定数，而是一个变数。这个变数从接受控制的数量上的变化，可以迅速演变为拒绝接受控制的实质性变化。因此，智能化的社会控制所依托的社会资源，是一个需要小心谨慎应对的问题。

社会的智能化控制，存在着种种需要认真面对的交错风险。譬如运用日益广泛的人脸识别系统，由于并不仅仅是识别人脸，而是经由识别人脸，可以追踪人的身份信息、行动踪迹、人与财产、亲属匹配、社交圈子等。由于人脸识别系统并不由国家统一监控，各种商业机构、社会组织都广泛使用这一系统，公民个人信息被分散掌握在这些人与机构的手中，他们如何使用如此庞大的公民数据，就成为一个随己所愿的事情。这样的使用定势，其中包含的巨大风险，不言而喻。在人脸识别系统的实际推广中，安防与资本是两大推手，政府受便捷控制个人信息的吸引，成为激励两大推手勇于作为的最直接且有力的推动力量。这种三手相连的局面，让人脸识别系统在缺乏安全保障的情况下得到疾速推广。其间所存在的民事与刑事风险之大，应当引起人们的高度重视。这还是在人脸识别这种人工智能社会控制技术处在国家有效掌控秩序的条件下的风险，如果国家陷入某种失序和动荡的境地，这些智能控制得到的天量数据用于什么目的，便更是让人惊惧了。

为了防止社会常态下的人工智能控制风险，刑法学家劳东燕明确指出，商业机构所使用的人脸识别，必须符合四个基本要求。"第一，收集方必须就相关信息与风险做明确而充分的告知，并事先征得被收集人的同意。未经被收集人的明示同意，不得将个人数据以任何形式提供给第三方（包括政府部门），或者让第三方使用相应的数据。在涉及犯罪侦查或国家安全的场合，可例外地予以允许，但需要严格限定适用条件与程序。第二，收集程序应当公开，并确保所收集的数据范围合乎应用场景的目的，未超出合理的范围。收集方不允许超范围地收集个人的面部数据，收集的范围应当符合相应适用场景的目的，并以合理与必要为原则。第三，收集方在收集个人的面部生物数据之后，应当尽好保管义务。收集方应尽合理的努力，对所收集的数据妥善保管；违反保管义务，应当承担相应的法律责任。同时，如果被收集人撤回同意，或者明确要求删除自己的数据，收集方应当对相应数据予以删除。第四，对人脸识别技术的应用场景，必须确保合法与合理，并避免侵入性过强的举措。收集方在特定场景中所收集的数据，原则上不允许运用于其他的场景，除非该场景是在合理的预见范围之内。如果擅自扩大或者改变数据的应用场景，收集方应当承担相应的法律责任。"这是从社会常态情境出发，针对商业机构使用人脸识别技术所具风险的一种较为周全的预防设想——只要商业部门遵纪守法，只要政府管控部门循法而治，只要社会还具有正常的施压机制，商业机构大面积违规使用人脸识别数据的可能性是不大的。即便商业机构因为主观故意或管理不善，导致人脸识别数据的违规违法使用，那也是属于可以有效惩治的风险。

商业机构的人脸识别之用于社会控制，其风险问题可以依赖立法机构、政府部门和社会组织的管控、干预和施压，也许是可以成功解决的人工智能社会控制风险问题。不过，正如社会失序常常是因为旨在维护社会秩序、却失去控制方略的国家权力方面导致的一样，人脸识别这种社会控制手段，远超商业机构使用风险的恰恰是国家权力部门对之的使用。对一个现代的庞大政府体制而言，政府设计时预定的对内保护、对外御敌的双重功能，常常让政府生发一种无处不在、无时不有、无所不能的全智全能意欲。在面对一个更为庞大且远为复杂的"社会"时，政府的管控积极性便呈现为一种对社会领域的全面侵入性，认为只有掌握关于社会的一切信息，政府才能发挥其统治与治理能力，从而实现建构政府的原初目的。

政府使用人脸识别技术的风险就潜藏在这样的积极作为理念之中。犹如前述，由于社会控制中引入人工智能，大大提高了社会管控的常态水准，因此，对激励管控者强化这样的管制手段，发挥了明显的刺激作用。犹如普通人对他人的一切具有好奇心一样，政府也对每个个体与群体的信息具有一种好奇心。因此，在公私场合安装的种种智能型的电子设备，便成为政府倾力收集它所感兴趣的一切信息的便利手段。它会利用法律赋予的权力，征用由商业机构采集的公民信息，结合政府自己用人工智能技术征集的信息，政府所拥有的公民信息，远非一般商业公司可以比拟。一般而言，在社会常态情形中，政府部门只会在这些天量的数据中甄别对自己有用的东西，而不是将之作为全方位、高强度控制公众的手段。政府之所以这样做，不是因为缺乏全面甄别信息的愿望，而是因为其他几个原因无以实施：一是因为没有必要，二是由于成本高企，三是源于效果不彰。一旦社会有任何政府认定难以把控的风吹草动，那么政府就会提升控制社会的广度与强度，相应对自己收集到的数据可能发挥的管控作用发生自觉。由此，政府对日常状态下的信息智能收集和非常情形下的信息智能利用，就具有了直接贯通的动力。

因此，有效控制人脸识别之类的智能技术风险，必须重视政府行为的合法化、规范化和合理性。一方面，在政府无法有效保证人脸识别之类的社会控制技术的安全性的情况下，政府不能冒险广泛使用和推广相关技术。否则政府就逾越了政治共同体建构政府的底线，既不能有效保护公民权利，而且可能侵害他们在成立政府时从未交付国家行使的三类基本权利（生命、财产、自由）。倘若政府一意孤行，不顾安全地监控公众信息，政府事实上就等于将自己置于社会的对立面，进而将自己安置在了一个对抗社会的危险地位上。另一方面，即使政府为了公众利益而合法、规范且合理地使用社会控制的人工智能技术，政府也必须将使用的范围、地点、方式、手段、目的等，明白无误地交代给公众。政府不能以"钓鱼执法"为目的，对公众信息进行收集。再一方面，政府在惩治公民个体与社会组织的违法犯罪行为时，必须合法使用诸如人脸识别系统获得的有关信息，而不能随意将犯罪嫌疑人或有关证人的信息暴露出来，置证人于有害安全的危险境地，置罪犯于无法合法申辩的险境。最后，政府在使用人工智能的社会控制技术的时候，必须承诺国家与社会的边际界限、承诺国家与公民个人之间的边界、承诺公私领域的结构性差异，从而只是在公共授权的公共领域中使用相关监控技术。进而从根本上保证人工智能监控手段是一种具有严格限制的社会控制手段，而不是一种无孔不入的、窒息社会生机的高压统治方式。

从现代社会视角看，当政府合法、合规、合理行使权力时，社会也就会处在一个安宁有序的状态。但政府总会受内外部困境影响，间歇性出现权力痉挛，因此无法一直保持一种高效、廉洁、有序、认同的状态。社会也会因此无法长久保持宁静、理性、守规、积极的状态。这就让人们意识到，社会运行是有周期的。社会周期呈现为制定规则、权力推行、绩效显现、效用衰变、抵制出现、抗拒加剧、规则失效、社会动荡、重构规则的不断继起、连续循环。当政府运行周期与社会运转周期在良性一端叠合的时候，国家便进入人们通称的黄金时期；当两个周期在恶性一端叠合的时候，国家便陷入危急状态，甚至掉进崩溃陷阱。社会控制必须避免堕入后一个极端。

需要明确指出的是，人工智能确实大大提高了社会控制的绩效。但愈是有效的社会控制对"社会"所具有的压抑性，总是会让社会必需的分享喜悦与分担忧愁的情感受到显著抑制。分享喜悦与分担忧愁，是社会运行所必需的张弛结构。所谓"一张一弛之谓道"，对建构适当的社会控制机制，是极富教益的。一般而言，在社会控制的常态下，适度压抑社会不会导致令人担忧的负面后果。不过，社会受控长久，尤其是受人工智能的高强度控制太过持久，一直让社会的喜怒哀乐无处发泄，让社会情绪无法舒张，因此不断累积着社会的紧张，这种紧张就会按照一定的周期律释放或爆发。如果说按照周期律释放与爆发的社会紧张，还不至于一下子导致社会失序、社会动荡或社会暴乱的话，那么另一种社会危险就必须高度警惕，才能预防或控制：这就是对社会的高强度控制，可能并不一定按照周期爆发，而是不知道在哪个时间、哪个地点、哪个事件上引爆社会危机。面对这样的社会危机、国家危难，基于机器设计的人工智能是完全无能为力的。就此而言，防止长期的高强度管控，与防止偶然爆发的社会危机与国家危难，具有同等的重要性。

在社会常态下预防偶发性的社会危机与国家危难，需要理性设定应对社会问题的大思路：对一个国家高压管控具有较强适应性的社会来讲，人们一般都会对社会变迁节律失去敏感性。这样的社会，好似运行在一个波澜不惊的水平面上。人们会习惯性认定，除开少数铤而走险的人士或人群外，社会公众与国家权力都不必去想象其他形式的社会危机。其实，无论是国家与社会明确分流的现代机制，还是国家塑造社会而使两者打上明显的国家烙印的体制，都没有避开社会周期的可能。因为社会在主体与制度的构成上，具有明显的个体差异性、组织区隔性、制度不均衡性，它总是会出现程度不同的起伏与波动。为社会预留一个可以化解紧张、舒张压力的空间，是让社会周期不至于陷于危机状态的必须。就社会能够承受的角度看，一定要给出一个循规蹈矩的社会运动空间，而不能将社会运动看作是一头怪兽而唯恐出现、全力扑灭。社会运动是一种高级形式的社会控制机制，给出社会运动的制度机制，既有利于释放社会紧张，又有利于在维护既定社会机制的基础上重整社会秩序。合法合规的社会运动与超越法规的社会动荡是不同的。社会运动可以完全处在法律约束范围，也可能溢出法律界限偶发地出现违法行为，但不会出现普遍的颠覆国家与社会的行为。一旦社会陷入"法不责众"的乱局，那社会的失控就是必然出现的现象。当这种情况出现的时候，基于管控的人工智能之社会控制设计就会陷于失控状态。面对群情汹涌的社会动乱，就是再怎么先进的人工智能社会控制系统，对维护社会秩序也爱莫能助。

四、为良序社会整合人类智能与人工智能

社会状态总是在常态与非常态之间运行的，社会运行的周期性由此呈现给人们：两种状态总会因为某些机缘出现交替，而不会一直停留在一种状态上不出现任何变化。在人类采取种种举措致力维护常态社会秩序的情况下，人工智能的引入，为提高维护既定社会秩序的成功率发挥了令人瞩目的推进作用。但取决于人工智能总是人类智能设计出

来的结构性特征，人工智能并不能代替人类智能单独发挥有效的社会控制作用。

从目前情况来看，在总体上讲，人工智能乃是明确受限的技术。它之所以受到限制，一方面是技术的原因。人工智能是仿照人类智能的技术再造，它可以在机械重复的劳动上取代人类，这从广泛应用于工业生产活动中的智能机器手得到印证；也可以在某些智力游戏上胜过人类，这可以从 Alpha Go 战胜人类顶尖围棋手上得到证实；还可以在某些情感如尊重需要上表现出不弱于人类的反应，这从机器人索菲亚在人类对她显出不尊重的时候表示不满上得到坐实。但从总体上讲，智能机器装置的这些能力，都是遵守人类设计的既定程序做出的反应，并不是人类那样通过大脑做出的自主反应。即便未来智能机器人可能实现高度的人机融合，机器能够表现出某些自主反应环境的能力，展现机器自我生机的前景，其取人类而代之的可能性也不大。原因在于，人脑科学很难促成人脑复制的技术，这就是机器人终究只能是机器人，即是接受人类指令的"物"，而不是"人"的终极理由。人脑的镜像神经元测定，可以最大限度地为人工智能的发展提供支持。但人的大脑做出反应的情感与社会机制是无法仿造的。因此也注定了高级智能机器人无法成为超越人类、并反过来控制人类的存在物。即便人工智能专家对大规模的智能杀伤性武器忧心忡忡，因此担忧人类会不会成为人工智能的奴隶。但可以乐观预测，这些武器也是人操作而致，最终还需要人类出手解决彼此纠纷、战争危机与生命安顿问题。

另一方面限制人工智能的是社会原因。人工智能确实在诸多领域中取人类而代之，其来势凶猛，以至于让人胆战心惊地设想人工智能控制人类社会的可怕前景。谨慎地看，由于人工智能的发展正在急速展开，我们没有理由贸然宣布这些担忧属于杞人忧天。但这种危险具有某种社会抵抗的天生可能。人类社会的组成，并不仅仅是表面上的诸种制度的捏合体，背后存在繁多而微妙的社会精微结构，并且一直在交错发挥作用，据此支撑起人类社会的广厦。一者，人工智能很难独立构成社会，因此它只能成为人类社会的依附者而存在并发挥作用。二者，即便在很多领域中人工智能似乎在挤出活生生的人类社会机能，譬如最复杂微妙的男欢女爱已经可以用充气娃娃临时替代。但是，人工智能与人的"男"欢"女"爱毕竟是人机合作的产物，机器可以满足人的生理需要，但很难满足人的心理需要。至于人体的男欢女爱催生的微妙心理过程，就更是人工智能机器人所难以惟妙惟肖给予与之交欢的男女个体的。正是因为如此，专业医生才会警告那些使用充气娃娃的人士，其行为既不利于身体健康，也不利于心理健康。这背后让人可以进一步探问的是，以人工智能替代男欢女爱，它对社会伦常秩序会发生何种影响？从伦理学的视角对之的思考，增加了对类似人工智能产品的社会警觉性。更为重要的是，人类社会的进取机制可以增强人类智能胜过人工智能的信心。"人类的创造力是无限的，如果我们的基本需求被机器人和人工智能满足，那么我们将找出娱乐、教育和照料他人的新方式。"这种人类社会的自我突破，起码是目前人工智能发展水平上，还难以设想的人工智能的社会控制事宜。

再一方面限制人工智能的是政治原因。无疑，就目前世界先进国家来看，各国政府是明确鼓励发展人工智能技术的，而且在人工智能用于社会控制上，也迈出了极大的步伐。但在人工智能用于社会控制会引发某种不可预知的危机意识引导下，即便是人工智能专家，也在呼吁政府加强对人工智能技术的监管。而政府方面也闻声而动，展开了以行政举措驾驭人工智能的尝试。人工智能发展极快的美国，便有不少城市禁止使用人脸识别系统。理由有二：一是技术的不成熟。美国的人脸识别，由于肤色差异，对白种人和黑种人的识别成功率差别很大（据报道，针对黑人女性的错误率高达21%～35%，针对白人男性的错误率则低于1%），并且出现将国会议员识别为犯罪分子的荒唐事情。二则与一个国家的人文传统相关。在那些具有反对政府权力过于集中，对商业（科技）巨头垄断保有警觉的文化传统中，抵制人工智能的社会控制应用是自觉而强烈的；在那些各党派间政治和选战博弈的政治社会中，各种复杂的因素牵扯其中，政客（通过选举获得权力的人群）与官僚（经由文官制度在政府部门供职的人士），都会不约而同对人工智能的社会控制机制抱有警惕。因此城市当局拒绝使用人脸识别这种社会控制技术，就是可以理解的事情。

就这两者在全球范围的普遍反映情况看，一方面，技术永远都不会成熟到对人类不带来任何负面影响的地步，这既是技术进步的动力，也是人类必须规范技术发展的缘由。有必要对任何技术、哪怕是极为先进的技术保持警觉，对之的使用进行全过程的技术设防。因为越是先进的技术，越是具有潜在的更大风险。尤其是模仿人类智能的人工智能，又是用于社会控制的目的，对之失去警惕，很有可能对人类自身造成难以估量的负面影响。另一方面，从人文传统上讲，即便一个社会有对权力和利益的社会纷争保持警惕的传统，而另一个社会则没有，但对两种社会来讲，没有任何理由对权力和技术无条件缴械投降。在现代社会，权力总是在不同执掌者之间转移的。因此，对今天的执掌者有利的社会控制技术，可能对后来的执掌者就会显得不利；对这个执掌者有利的社会控制技术，对另一个执掌者可能就会是不利的。因此，即便站在权力方面设想，也不能过于贪图一种技术的便利，而丧失对技术进行适当控制的意愿。尤其是像天眼监控系统，让人人暴露在监控体系之下，这对执掌权力的人来说，也绝对是一柄双刃剑。至于在利益的社会政治纷争中，不同个体与群体之间相互善意或恶意利用监控数据来维护自身利益、或明或暗攻击对手，那也是超越不同政体形式的普遍现象。念及于此，对可能失控的监控技术，大家也就可以达成必须加以规范和约束的共识。

在 STS（science/technology/society）即"科学、技术与社会"的研究传统中，研究者一向很看重科学研究、技术创新与社会发展之间的关联性，并且在三者的相关性中审查科技成果及其应用对社会可能造成的影响。无疑，人工智能技术构成当下 STS 的重大主题。而当人工智能技术应用于社会控制的时候，就更是必须在科学、技术与社会的边际关系上严格审查这一技术对社会带来的巨大影响，以及由此可能产生的种种社会与伦理风险。从一般意义上讲，"科技无远弗届的影响力与重要性，使得一般人在生活中不只时时接受其影响，有时也需要面对特定科技所带来的社会后果、经济代价与伦理抉择，而必须在深思熟虑后采取立场"。从人工智能的角度看，由于这一技术的迅猛发展，以及由此负载的人类对这一技术的强烈期待，今日世界已经形成了关于人工智能的技术乐观主义氛围。为此，需要在 STS 的视角，强化人们对技术风险和社会责任的认知，从而提升该技术的社会应用可靠性。从人工智能应用于社会控制的特定视角看，天眼监控体系之类的社会控制方式的人工智能化，给政府部门带来管控社会以极大的便利。因此，权力部门仅看当下便利的特性让他们很难虑及其社会风险，很可能因此在灭罪行动中制造一些冤案，让公民个人的隐私毫无保障，让国家治理被提供人工智能监控服务的商业公司操控。这对国家治理明显是不利的。因此也需要在科学、技术的社会责任角度加以严格审查，并设计和实施相关的社会政治、法律规则的约束机制。

在 STS 的视野中，三个紧密关联的视角给人们以重要提示：一是科学研究与技术创新本身的专家研究及其责任意识问题，必须避免专家傲慢带来的科技风险；二是科学技术的社会应用必须虑及社会风险，并对社会风险进行有效管控，从而让科学技术造福社会，尽最大可能避免对社会造成伤害；三是对急于利用科技便利的社会进行理性引导，避免急功近利地将不成熟的技术推向社会公众，并因此给社会带来不可预估的负面影响。就此三者而言，从分别的角度看，做到已属不易；在关联的角度看，做起来就更为困难。就前一种情况而言，三方面都具有失控的风险——人脸识别的犯错，已经构成这一系统明显的技术缺陷；而应用人脸识别系统的商业机构与政府部门，对之有很高的期待，因此不遗余力地加以推广，结果赋予它很难承受的社会政治功能；社会公众对之的可有可无，对之侵害隐私的担忧，对无处不在、无时不有的监控的反感所存在的抵触心理与破坏情绪，没有得到应有重视，因之而构成难以预估的社会风险。尤其值得重视的是社会公众对技术的反应机制。因为从总体上讲，社会失常的偶然性，不是基于社会常态设计的人工智能管控机制所可以预期的。假设人工智能的技术是完善的，但对这一技术监控的社会来讲，则是动态运行的。因此不可能是完善的甚至可能是不能预期的。譬如2019年智利大动荡的直接肇因，仅是因为公共交通上调四美分价格。这是一个微不足道的价格变化，但却引起了智利的普遍暴乱，社会陷入严重的失序状态。从深入分析的角度看，智利暴乱确实有其前因后果。但人们很难设想四美分会引发如此巨大规模的社会暴乱。这是社会情况的复杂多变、难以把握的一个典型反映。

从三者关联的视角看，像人脸识别这样的社会控制技术体系，存在着交错而在的风险性：既包含人脸识别的技术精准度问题，也包含技术应用的社会政治意图上的无所不能期待，更包含社会公众对这项技术监控的接受与反感的微妙心理变化。因此，当人工智能用于整个社会的监控时，三者之间关系能否顺畅开合，会对它发挥的社会控制效果发生决定性影响。而其中令社会控制的国家主体难以把握的，不是技术问题，而是社会问题。当社会风险增高，社会出现诸如智利、伊朗、委内瑞拉、玻利维亚等国的动荡和暴乱时，人工智能不仅完全无法发挥社会控制作用，而且因为掌权者担忧人工智能被抗议者、反叛者反向利用，甚至会关闭整个网络。这时，即便具有最先进、最可靠、最有效的人工智能社会控制技术，也无法发挥任何期待中的控制社会的实际作用。

从这个特定的角度讲，社会控制绝对不能单纯依赖人工智能技术。不宁唯是，何时、何地以何种方式引入人工智能社会控制技术，在何种期待下、以多大范围和强度使用人工智能的控制技术，都需要人类智能来决定。因为在社会控制方面，只有人类智能才能够准确把握战略布局、时势针对、举措调适、因势利导、因果关系、接受程度、危机处置、开关系统等关乎社会控制的重大决策。以诱导社会、激活社会为共在目的的社会控制，更多依赖的是人类智能，而不是人工智能。为此，以良序社会（well-ordered society）的建构为目标，有效整合人类智能与人工智能，让社会控制进入一个良性轨道，便成为处置人工智能与社会控制关系的基本指南。

良序社会，是一个建立在公平正义基础上的社会。"一个社会，当它不仅旨在推进它的成员的利益，而且也有效地受着一种公共的正义观调节时，它就是一个良序（well-ordered）的社会。亦即，它是一个这样的社会，在那里：每个人都接受、也知道别人接受同样的正义原则；基本的社会制度普遍地满足、也普遍为人所知地满足这些原则。在这种情况下，尽管人们可能相互提出过分的要求，他们总还承认一种共同的观点，他们的要求可以按这种观点来裁定。如果说人们对自己利益的爱好使他们必然相互提防，那么他们共同的正义感又使牢固的合作成为可能。在目标互异的个人中间，一种共有的正义观建立起公民友谊纽带，对正义的普遍欲望限制着对其他目标的追逐。我们可以认为，一种公共的正义观构成了一个良序的人类联合体的基本宪章。"简而言之，良序社会是值得期待的现实社会形态，它建立在差异性合作的基础上，稳定在共同正义观的基石上，受到公民友谊纽带的强有力维系。这样的社会，显然不是任何受程序指引的人工智能所能够直接设计出来并加以有效维护的社会形式。这样的社会，只有依靠人类智能才能建构，也只有依赖人类智能才能维续。但人工智能提供的某些技术性支撑，可以在具体事务上极大优化人类对社会控制实际事务的处置。人工智能对人类智能的补充作用值得重视，对人类体能的有效替代值得礼赞。就此而言，以良序社会建构为目的，整合人类智能与人工智能，便成为高阶的社会控制的一个上佳出路。

第四节　人工智能算法自动化控制

在自动化控制系统中，人工智能的应用，有效改善了自动化控制系统中存在的问题，并提升了自动控制的精准度。本论文以人工智能算法为研究切入点，对其在自动化控制中的具体应用，进行了详细的研究和分析。

电气自动化则是目前一门新兴的学科，主要对计算机应用、信息处理、系统运行、电气工程自动控制等领域进行研究。在具体进行电气自动化研究的过程中，通过人工智能算法的应用，进一步提高了自动化的运行效率、准确率。

一、人工智能算法概述

（一）人工智能技术与人工智能算法

伴随着计算机技术的进一步发展，计算机技术逐渐与先进的生产技术进行融合，并在此基础上形成了智能化的生产技术。就现阶段而言，人工智能技术已经被广泛地应用到社会生产每一个领域中，有效地减少了社会生产中的人力、物力资源浪费现象，最大限度提高了资源的利用效率，并降低了生产成本。

人工智能是计算机科学的一个重要分支，主要是结合人的思维、模拟人的操作，将智能化系统置入机器人之中，确保其具备人类的思维和感知能力，能够很好地应对所遇到的各种情况。在人工智能技术的发展条件下，人工智能算法也随之出现。

人工智能算法也称之为机器智能，是一门边缘性的学科。主要是通过智能机器人，利用技能机器人对人类的智能反应进行模拟。可以说，人工智能算法这门新型的学科，已经在语言、图像理解、遗传变成、机器人等领域中得到了广泛的应用。

（二）人工智能算法特点分析

人工智能算法融合了多个学科的知识，包括计算机科学、数学、哲学、认知科学等，并呈现出显著的特点，集中体现在以下四方面：①可靠性：主要体现在人工智能算法语言高端智能电器数字化的应用系统进行了有效的结合，在具体进行计算的过程中，无须再使用其他的传统设备。如此一来，通过智能算法可对电力系统进行更加便利的操作，进一步提升了电力系统控制的效率、精准度，进而提高了工业生产的效率，促进了现代企业的进一步发展；②利用人工智能算法进行电气设计的过程中，无须对人工智能算法的控制对象的实际动态、非线性、参数变化等进行详细的了解；③在人工智能算法中，智能化的人工控制器、驱动器两者之间存在较强的一致性，可进一步提高人工智能算法预测的精准性；④在对控制器进行设计的过程中，通过人工智能算法，可以进一步提高其抗干扰能力，并增加信息和数据的适应性，使得设计修改和设计扩展变得更加便利。

二、人工智能算法在自动化控制中具体应用

（一）人工智能算法在电气设备设计中应用

电气设备设计工作是一项复杂的、系统性的工作，其中涉及的知识相对比较多，对设计人员的知识水平、设计经验等要求相对比较高，同时在设计的过程中，还必须要投入大量的人力、物力。但是在人工智能技术条件下，就可以充分利用 CAD 技术、人工

智能算法，对电气设备设计过程中烦琐的计算、模拟环节进行快速、精准的计算。可以说，通过人工智能算法在电气设备设计中的应用，进一步提升了设备设计方案的精准度、科学度，并大大缩短了产品的开发周期。

人工智能算法在电气设备设计中应用的时候，重点表现在遗传算法上，因为这一算法较为先进，且计算结果精度较高。基于此，电气设备设计人员在使用人工智能算法的时候，必须要对设备进行科学的设计，并确保设计人员的计算机水平、设计经验，以更好地利用人工智能算法进行电气设备设计。

（二）人工智能算法在电气设备控制中应用

在电气设备自动化过程中，电气控制过程十分关键，直接影响了整个电气化系统能否稳定和高效运行。在具体进行电气设备控制的过程中，由于其操作程序较为复杂，要求十分严格，对相关工作人员要求较高。在这种情况下，如何提高电气系统控制效率已经成为研究的重点。而在人工智能算法条件下，则可以对电气设备进行自动化控制，进而提升了控制的效率和质量，同时也在一定程度上减少了控制中的人力、物力和财力投入。

利用人工智能算法进行电气设备控制的过程中，主要体现在模糊控制、专家系统控制、神经网络控制三个方面。其中，模糊控制重点在于借助传统电气过程中的交流和直流传动进行，可取代代 PI、PID 控制器的应用。并且模糊控制操作较为简单，与实际的联系较为紧密，应用范围较广。

（三）人工智能算法在电力系统中应用

目前，不少规模较大的电气企业在对整个电力系统进行控制的过程中，都采用了 PLC 人工智能技术，利用这一人工智能技术对某个工艺流程进行有效的控制，进而实现了整个系统的安全、协调和稳定运行。同时，利用 PLC 人工智能技术进行电力系统控制，也在一定程度上提升了电气系统的生产效率，实现了系统的稳定性提升，进而大大提升了供电的稳定性和可靠性。

人工智能算法在电力系统中的应用，主要体现在四个方面，即：启发式搜索、模糊集理论、专家系统和神经网络。其中，专家系统的程序非常复杂，里面融合了大量的专业规则、知识、经验等，并运用专家的经验进行推理和判断，并在此基础上对专家的决策方法、决策过程和模式进行模拟，进而对需要解决的问题进行分解和解决。在转接系统中，主要包括咨询解释、推理机、知识库、人机接口、知识获取、数据库等几个重要的部分。在具体进行使用的过程中，必须结合实际情况，对专家系统中的知识库、规则库等进行更新处理。

目前，人工智能算法在电气系统中应用的时候，主要体现在多种神经网络和训练算法上，并且该人工智能算法的存储方式、学习方式和分布方式的灵活性较高，可大规模地进行信息处理，并在复杂状态下进行功能分类和识别。神经系统则可以迅速对样本和模型进行分类，并构建一个周/日预测模型。在复杂的电力系统中，还可以利用元件的关联性分析、人工神经网络对故障进行诊断。

综上所述，人工智能算法是一种新型技术，是计算机信息技术发展到一定阶段的必然产物。通过人工智能技术在自动化控制中的应用，进一步提高了控制效率和精准度，并减少了人力、物力和财力的投入，大大提升了控制的效果。在未来，伴随着人工智能算法的而进一步发展，必然会在自动化控制中发挥着更加重大的作用。

第五节 人工智能电气自动化控制

人工智能技术依托于信息技术和计算机技术，在具体的应用过程中，利用传感器技术对信息进行采集，通过后续的智能化处理，实现自动化或半自动化的控制。随着工业化进程和现代技术的不断发展，电气自动化控制过程中的智能化技术的应用越来越多。人工智能作为一种新型的先进技术，在电气自动化控制过程中能够得到有效应用，使得电气自动化控制稳准快的性能更好，其鲁棒性也能得到有效提升，但是具体的人工智能技术在电气自动化控制中有怎样的应用及应用发展方向和特点又是怎么样的，对此本节就对电气自动化控制过程中的人工智能技术的应用进行了研究和分析。

随着我国工业化水平进程的加快，新的技术不断出现，其中人工智能技术就是基于计算机的信息处理技术的一个新的发展方向。通过在电气自动化领域应用人工智能技术，可以使得整体的电气自动化控制实现更有效的无人操控，同时操作也更加简便。自1956年人工智能概念被首次提出之后，对于人工智能的研究开始不断推进，人工智能涉及多个学科，其中包括，计算机信息处理、技术仿生学等多个方面，是一个交叉学科。而本节主要分析的是将人工智能技术应用到电气自动控制之中，以实现整体的电气自动控制的有效化控制。

为了在后期的应用过程中更好的应用人工智能技术，本节此部分对人工智能技术进行相应的概述。首先就其发展背景而言，在经历三次信息产业革命之后，计算机在各个行业的应用为其发展提供了重要的帮助。在计算机技术的支持下，自动化技术和智能化技术不断发展，智能化技术在各个部分的应用已然成为其后续的发展方向。其中人工智能技术是智能化技术的一个发展方向其隶属于计算机学科，与其他学科交叉形成了一个复杂的控制体系。通过人工智能技术在电气自动化控制领域的应用，使得其操作更为简单，控制更为方便。

一、人工智能技术的应用优势和特点

随着人工智能技术的发展和信息科学技术等各方面新技术的出现，人们对于电气自动化控制有了更新的要求。对于电气自动化控制而言人们要求更平稳的运行和相对优化的设计，从而减少整个系统过程中的能源消耗。对于整个系统的操作人员而言，在操作过程中要求良好的操作体验和安全性的保证，同时要求简化操作。在后续的发展过程中，通过人工智能技术的引入，能够很好地解决定期电气自动化控制过程中后续发展的这些要求。其中对于人工智能技术的应用特点和在后续的电气自动化控制中的应用优势，本节对这方面进行相应的阐述和分析。

（一）人工智能技术的特点

人工智能技术在电气自动化控制的实践方面来讲，有利于减少在控制过程中的人力成本投入，对于实际的控制而言，人工智能技术的引入有利于降低控制环节的复杂性。同时对于提升控制效果和优化控制模型而言有着重要的应用。

1. 无人化控制

所谓无人化控制指的是在对电气自动化控制系统进行控制的时候，电气自动化控制系统能够在运行的过程中对出现的问题自动解决，在无人操作的情况下也能够正常运行，这就要求电气的动画系统能够拥有更高的稳定性，同时响应更快、精准度更高、对系统而言也要求具有较高的鲁棒性。人工智能技术在电气自动化控制方面的应用，其能够根据系统运行的状态和参数进行相应的分析，通过与预定参数进行比较，自动进行定期自动化控制系统的控制。根据所出现的问题及时作出对策采取相应的解决措施完成问题的处理。这种特性就有利于无人控制和远程控制的实现。例如，无人工厂的控制，无人工厂中通过远程的控制设备实现生产控制；在设备运行监控室，设备主动发出警报，提醒工作人员注意发生的安全问题，等等，诸如此类的控制。

2. 减少控制模型的使用

在传统的控制中，主要是通过控制模型对电气系统进行控制，根据模型的反馈可以将模型分为开环系统和闭环系统。这种控制系统，在进行实际控制的时候，过分依赖于控制模型的设计，当被控对象过于复杂，就会出现控制器无法控制的情况。

（二）人工智能技术在电气自动化中的应用优势

通过在电气自动化控制过程中引入人工智能技术，能够实现整体的电气自动化系统的有效控制，提高其控制的有效水平，增强其系统运行的稳定性，对于在整个系统中出现的问题而言，通过人工智能技术的引入，能够将这些出现的问题及时解决。同时人工智能技术，在运行过程中还能够对电气系统进行监控，对整体系统运行中的数据进行优化处理，从而实现整个系统的自我更新，自我进化有效提升系统的学习能力和智能化水平。从而在后续的控制过程中降低控制的难度，提高控制的稳定性。

1. 更好地实现自动化控制

对于电气自动化系统的自动控制而言，在其进行控制的时候，通过调整电气系统的鲁棒性和响应时间、下降时间。可以对电气系统实现有效的控制。而在这部分进行控制的时候，通过智能化技术的引入可以大大减少人工的投入，通过在电气系统中建立反馈机制，以智能化技术对其中运行的参数进行监测和控制，当其运行参数偏离设定参数的时候，可以通过反馈通道对输入端进行调节，从而使得电器系统在运行的时候，能够更为平稳的运行，避免外界的噪声干扰。同时实现自动控制，减少在其中的人工成本的投入。

这种通过人工智能技术引入的智能化控制系统能够更好地提升电气自动化系统的自动化水平，同时对于无人化控制和减少人力成本的投入而言都有积极的作用。对此就这方面来讲，通过人工智能技术在电气自动化控制领域的引入，能够更好地实现其控制功能。

2. 更全面的调节系统的运行

通过人工智能技术在电气自动化领域的引入，能够建立有效的监测机构和自动化调节机构。这其中主要体现在对电气系统的无人控制和出现问题的自动解决，在前文的分析中，已经提到通过应用人工智能技术可以实现对设备的远程控制和对故障的有效处理，对此将人工智能技术应用到电气自动化控制中来，可以有效提升电气系统对出现问题的调节效率。

3. 电气自动化控制的智能化发展的必然趋势

对于电气自动化控制而言，在未来的发展过程中，随着互联网技术和信息技术的融入，同时人工智能技术有着它独特的优势和特点，通过引入人工智能技术可以使得定期步伐控制，在后续的控制过程中，整体系统实现节能化、简易化、人性化、可视化和信息化的整体要求。

第一，从节能化来讲，在现有的发展过程中人们对电气系统有了节能的要求，通过人工智能技术在电气自动化系统中的引入可以实现电气设备的联动，从而使得能源的利用率得到进一步提升，从这方面来说人工智能技术能够满足电气系统在后续发展过程中的节能化要求。

第二，从可视化和信息化来讲，在电气系统的运行过程中，需要了解其运行状态和运行参数，对其运行数据进行处理，通过人工智能技术可以将电气系统运行过程中和控制过程中出现的问题和数据呈可视化展现在工作人员面前。这对于有效监控系统的运行和进行有效地控制而言，具有极为重要的意义。

二、人工智能技术在电气自动化控制中的应用

（一）在电气控制中的应用

对于电气自动化控制而言，电气控制是整个系统的核心部分，通过将人工智能技术引入电气控制之中，可以有效地提升整个电子自动化系统的控制水平。由于人工智能技术在控制过程中的集中性较强，通过预先编制好的程序，可以使得整个系统在运行过程中，对于出现的问题能够及时地反应和处理，从而减少在这方面的人力和物力的投入。而人工智能技术所提出的控制方式，包括神经网络控制、模糊控制和专家控制系统等这方面的有效控制，能够对电气控制系统在运行过程中所反馈的信息进行及时处理，从而提升了整个电气系统的控制效率和控制质量。

（二）在电气操作中的应用

现如今的工业化和现代化水平的不断加快的过程中，对于电气设备的需求越来越高，因此在电气设备的运行过程中，保证整个电气设备能够稳定运行，在实际的操作过程中，应当遵循定期设备的规范操作，而在实际的操作过程中，对于电气设备的操作通常需要人来完成，这就使得在整个操作过程中浪费了很多的时间和精力，而在人的操作过程中，由于注意力不集中或者操作不熟练，很容易对电气设备的操作造成误操作，对此将人工智能技术引入到电气设备的操作过程中，可以有效提升电气设备的操作效率和操作的步骤，使得各方面得到简化。对此在电气设备操作过程中引入人工智能技术，能够改善电气操作的操作步骤和操作环境，避免了安全事故发生。

人工智能技术在电气自动化领域有着重要应用，其在电气自动化控制中的应用可以减少人力资源的浪费，降低系统运行的成本，简化系统的操作。同时对于整个电气系统的运行稳定性而言，其具有重要的意义和影响作用。本节在分析过程中首先对人工智能技术进行了分析，接着在后续的分析过程中，结合电气自动化控制的应用特点，对人工智能技术在其中的应用进行了阐述。

参考文献

[1] 侯希来. 计算机发展趋势及其展望 [J]. 科技展望, 2017, 27 (17): 14.

[2] 廉侃超. 计算机发展对学生创新能力的影响探析 [J]. 现代计算机 (专业版), 2017 (06): 50-53.

[3] 冯丽萍, 张华. 浅谈计算机技术发展与应用 [J]. 现代农业, 2012 (08): 104.

[4] 冯小坤, 杨光, 王晓峰. 对可穿戴计算机的发展现状和存在问题研究 [J]. 科技信息, 2011 (29): 90.

[5] 范慧琳. 计算机应用技术基础 [M]. 北京: 清华大学出版社, 2006.

[6] 尤延生. 项目教学法在高职院校教学实践中存在的问题及解决思路 [J]. 求知导刊, 2016, 0 (20).

[7] 胡卜雯. 高职院校公共英语语法教学中存在的问题及对策研究 [J]. 求知导刊, 2016, 0 (36).

[8] 岳旭耀. 高职院校设备管理中存在的问题及改进措施 [J]. 科学中国人, 2015, 0 (9Z).

[9] 贺嘉杰. 浅析计算机应用的发展现状和趋势探讨 [J]. 电脑迷, 2017 (2).

[10] 张跃. 计算机应用现状及发展趋势 [J]. 船舶职业教育, 2018.

[11] 赵洪文. 计算机应用的发展现状及趋势展望 [J]. 科技创新与应用, 2018 (2): 167-168.

[12] 喻涛. 试论计算机应用的现状与计算机的发展趋势 [J]. 通讯世界, 2015 (06).

[13] 谢振德. 计算机应用的现状与发展趋势浅谈 [J]. 电脑知识与技术, 2016 (27).

[14] 付海波. 试论计算机应用的现状与计算机的发展趋势 [J]. 数码世界, 2017 (11).

[15] 梁文宇. 计算机应用的现状与计算机的发展趋势 [J]. 科技经济市场, 2017 (02).

［16］张跃. 计算机应用现状及发展趋势［J］. 船舶职业教育，2018（01）.

［17］刘青梅. 计算机应用的现状与计算机的发展趋势［J］. 电脑知识与技术，2016（25）.

［18］李成. 浅析计算机应用及未来发展［J］. 通讯世界，2018（09）.

［19］胡乐. 浅谈计算机应用的发展现状和发展趋势［J］. 黑龙江科技信息，2015（2）：104.

［20］王金嵩. 浅谈计算机应用的发展现状和发展趋势［J］. 科学与财富，2015（10）：106.

［21］王晓. 计算机应用的现状与计算机的发展趋势探讨［J］. 科学与信息化，2018（31）.